U0188052

计算机组装与维护

主编◎陈　巍　周环宇　王　鹏

上海交通大学出版社
SHANGHAI JIAO TONG UNIVERSITY PRESS

内容提要

本书主要介绍计算机硬件方面的知识，涉及各类计算机硬件配件，内容包括中央处理器、内存、显卡、硬盘、主板等各个部分的组成和工作原理。不仅如此，本书还对这些硬件的性能参数、测试方法和选购方案进行了全面讲解。此外，针对各部件常见的故障现象，本书提供了原理分析，帮助读者更好地理解和解决问题。在软件知识方面，本书专注于计算机的基础应用，介绍硬盘的分区方法、操作系统的安装步骤以及数据的安全性与备份策略。本书不仅可以作为计算机相关专业的教学用书，也可以作为技术人员培训和工作的参考资料。

图书在版编目（CIP）数据

计算机组装与维护 / 陈巍，周环宇，王鹏主编 . —
上海：上海交通大学出版社，2024.2
ISBN 978-7-313-30216-8

Ⅰ . ①计… Ⅱ . ①陈… ②周… ③王… Ⅲ . ①电子计
算机—组装—高等职业教育—教材②计算机维护—高等职
业教育—教材 Ⅳ . ① TP30

中国国家版本馆 CIP 数据核字（2024）第 006262 号

计算机组装与维护
JISUANJI ZUZHUANG YU WEIHU

主　　编：	陈　巍　周环宇　王　鹏	地　　址：	上海市番禺路 951 号
出版发行：	上海交通大学出版社	电　　话：	021-6407 1208
邮政编码：	200030		
印　　制：	北京荣玉印刷有限公司	经　　销：	全国新华书店
开　　本：	889 mm × 1194 mm　1/16	印　　张：	16.25
字　　数：	423 千字		
版　　次：	2024 年 2 月第 1 版	印　　次：	2024 年 2 月第 1 次印刷
书　　号：	ISBN 978-7-313-30216-8	电子书号：	ISBN 978-7-89424-569-4
定　　价：	56.00 元		

编写委员会

主　编　陈　巍　周环宇　王　鹏

副主编　刘志宝　朱　岩　韩佩津　关文昊

参　编　刘超君　侯俊丞　聂玲玲

前　言

　　随着科技的发展，计算机已经成为当下工作、生活中不可缺少的工具，商务办公、学习培训、信息搜索、图像处理、视频编辑、网上娱乐等各个方面都离不开计算机。计算机的硬件和软件跟随科技的脚步日新月异，"昨日"还算得上先进的硬件设备和应用软件，"今日"却被更加优秀的硬件设备和应用软件所取代。由于计算机使用范围广，人们在不同的应用场景下对计算机的性能有着不同的要求，同时因为其使用频率高，计算机不免会出现这样那样的问题，因此对计算机的选购、配置、组装、维护也成了计算机使用者的必备技能。

　　本书是作者总结多年计算机组装与维护经验并在教学实践的基础上编写的，同时贯彻落实党的二十大精神，助力培养新时代创新型技能人才，引导学生勇于创新，不断提高知识技能水平，为推动国家高质量发展、实施制造强国战略、全面建成社会主义现代化强国贡献智慧和力量。本书的所有项目既有理论知识的讲解，又有动手实践的内容，是"项目导向、任务驱动、案例教学、教学做一体化"教学方法的成果。

　　本书的特色如下。

　　定位"准"。本书主要内容为选购计算机、组装计算机、使用和维护计算机的基本技巧，以及常用的、必要的和较新的产品知识，没有阐述过多的、过老的计算机硬件和软件知识，并简要地介绍了计算机硬件的基础结构和主要性能。

　　内容"新"。书中介绍的硬件型号、性能、标准都尽量选用时下企业所选用的主流型号及版本，力求所讲内容为当下较为实用和常用的，不让教学成为无用功，让学生真正学有所获、学以致用。

　　带动"做"。本书项目的学习划分成两个阶段。第一阶段，由教师进行操作，学生同步学习，在教师的带动下，明确操作步骤，理解操作要领，掌握关键要点；第二阶段，学生采用分组方式进行实战操作，培养团队合作意识和协作精神，提高职场适应能力。

　　本书由吉林电子信息职业技术学院组织编写，陈巍、周环宇、王鹏担任主编，刘志宝、朱岩、韩佩津、关文昊担任副主编，刘超君、侯俊丞、聂玲玲参与编写。全书共分13个项目，内容包括计算机的组成、选购计算机配件、组装计算机、BIOS设置、安装系统软件和应用软件、硬件故障处理、软件故障处理、优化性能及保护计算机系统数据、笔记本的使用和维护以及家庭网络设置等。书中全面介绍了计算机的各个配件的性能参数及常用品牌，帮助学生详细了解和选购计算机的各配件，讲解了组装计算机的步骤和日常维护计算机的一些操作，并讲解了计算机软件的相关知识以及硬件和软件的常见故障处理方法，最后介绍了家庭网络设置的相关内容。全书由陈巍编写提纲、统稿，并编写项目2~3，项目1由聂玲玲编写，项目4~5由王鹏编写，项目6由关文昊、刘超君编写，项目7~8由刘志宝、侯俊丞编写，项目9~11由周环宇编写，项目12由韩佩津编写，项目13由朱岩编写。本书参考资料和电子课件等由陈巍、周环宇、刘志宝、韩佩津、朱岩制作。

本书配有丰富的数字化资源，包含电子课件（PPT）、试题库等，有需要者可致电 13810412048 或发邮件至 2393867076@qq.com 领取。本书可作为职业院校相关专业的"计算机组装与维护"课程的教材，也可供相关从业人员或感兴趣的读者学习参考。

本书在编写过程中有参阅其他著作、电子资料等，特向其作者表示衷心的感谢。由于作者水平有限，书中存在的疏漏与不足之处，敬请读者批评指正。

陈　巍

2023 年 10 月

目 录

项目 1

认识计算机系统

项目导入 ▶

计算机又称为电子计算机，是一种能够按照程序运行、自动高速处理海量数据的现代化智能电子设备。计算机作为 20 世纪最先进的科学技术发明之一，对人类的生产活动和社会活动产生了极其重要的影响，并以强大的生命力飞速发展。它的应用领域从最初的军事科研扩展到当今社会的各个领域，形成了规模巨大的计算机产业，带动了全球范围的技术进步，引发了深刻的社会变革。现在，计算机已遍及学校、企业、家庭，成为信息社会中必不可少的生产和生活工具。

学习目标 ▶

知识目标

（1）了解计算机的发展历程。

（2）了解计算机的发展方向。

能力目标

（1）能够掌握计算机的内部结构。

（2）能够掌握计算机的应用分类。

素养目标

（1）通过了解计算机的发展历程和应用领域，树立正确的科技观、创新观和社会观。认识到计算机技术在推动社会进步、改善人类生活方面的重要作用，激发对科技创新的热情。

（2）强调科学精神和实践能力的培养，要勇于探索、勇于创新。通过学习计算机技术的基本原理和应用案例，培养科学思维和解决问题的能力，激发创新潜能，为将来从事计算机领域的工作打下坚实的基础。

任务 1-1　了解计算机的由来及应用分类

20世纪70年代末以来，我国计算机行业越来越受到国家重视并取得了长足进步。我国人民的计算机或智能设备的拥有量巨大，计算机行业的消费群体规模也越发庞大。但因起步较晚，在计算机软硬件的生产、研究和应用方面，我国与发达国家依然存在着很大的差距。那么，计算机是如何发展而来的，又拥有着怎样的分类呢？

1. 计算机的由来

1946年2月14日，美国宾夕法尼亚大学正式对外公布了世界上第一台通用计算机ENIAC。它使用了约18000个真空电子管，耗电150千瓦，占地约170平方米，重达约30吨，每秒可进行5000次加法运算。虽然它的运算速度还比不上今天最普通的一台微型计算机，但在当时它已是运算速度的绝对冠军，并且其运算的精确度和准确度也是史无前例的。

ENIAC奠定了电子计算机的发展基础，在计算机发展史上具有划时代的意义，它的问世标志着电子计算机时代的到来。ENIAC诞生后，科学家冯·诺依曼提出了重大的改进理论，主要有两点：其一是电子计算机应该以二进制为运算基础；其二是电子计算机应采用"存储程序"的方式工作，并且进一步明确地指出整个计算机的结构应由5个部分组成，包括运算器、控制器、存储器、输入设备和输出设备。该理论解决了计算机的运算自动化问题和速度配合问题，对后来计算机的发展起了决定性的作用。直至今天，绝大部分的计算机还是采用冯·诺依曼结构（见图1-1）工作。

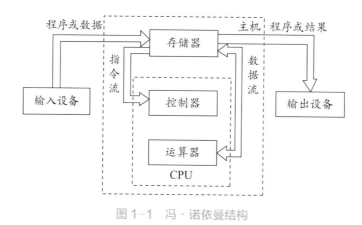

图1-1　冯·诺依曼结构

冯·诺依曼结构各部分功能如下。

1）运算器

其主要功能是进行算术运算和逻辑运算，大量数据的运算任务是在运算器中进行的。

2）控制器

控制器作为整个计算机系统的指挥控制中心，控制计算机各部分自动地工作，保证计算机按照预先规定的目标和步骤有条不紊地进行操作及处理。

3）存储器

存储器是计算机的"记忆"装置，它的主要功能是存储程序和数据，并能在计算机运行过程中高速、自动地完成程序或数据的存取。

存储器有两种：内存储器和外存储器。

内存储器（内存）：微型计算机的内存储器是由半导体器件构成的。从使用功能上分，内存有随机存储器（random access memory，RAM）和只读存储器（read-only memory，ROM）。

外存储器（外存）：辅助存储器。外存通常是磁性介质或光盘，像硬盘、软盘、磁带、CD 等，能长期保存信息，并且不依赖电来保存信息，但是其存取速度与内存相比相差很大，且价格较内存低廉。

4）输入设备

输入设备是将数据、程序、文字符号、图像、声音等信息输送到计算机存储器中的设备。输入设备把各种形式的信息，如数字、文字、图像等转换为数字形式的"编码"，即计算机能够识别的、用"1"和"0"表示的二进制代码，并把这些二进制代码输入到计算机的内存中存储起来。

常见的输入设备有键盘、鼠标、扫描仪、数字化仪、麦克风、触摸屏等。

5）输出设备

输出设备是将计算机运算得到的结果或者中间结果打印、显示出来的设备。输出设备把计算机加工处理的结果变换成人们或其他设备所能接收和识别的信息形式，如文字、数字、图形、图像等。

常见的输出设备有显示器、打印机、绘图仪和传真机等。

2. 计算机的应用分类

1）超级计算机

超级计算机通常是指由数百、数千甚至更多的处理器组成的，能计算普通 PC（personal computer，个人计算机）和服务器不能完成的大型复杂课题的计算机。

超级计算机是计算机中功能最强、运算速度最快、存储容量最大的一类计算机，是彰显国家科技发展水平和综合国力的重要标志之一。超级计算机拥有最强的并行计算能力，主要用于科学计算。

2）网络计算机

网络计算机专指某些高性能计算机，能通过网络对外提供服务。相对于普通计算机来说，网络计算机对稳定性、安全性等方面都要求更高，因此在 CPU（central processing unit，中央处理器）、芯片组、内存、磁盘系统、网络等硬件方面和普通计算机有所不同。网络计算机可以作为服务器，而服务器是网络的节点，存储、处理网络上大量的数据、信息，在网络中起到举足轻重的作用。

3）工业控制计算机

工业控制计算机采用总线结构，主要应用于工业现场的过程测量、控制、数据采集等工作，简称工控机。

工控机由计算机和过程输入 / 输出（input/output，I/O）通道两大部分组成。其计算机是由主机、输入 / 输出设备、外部磁盘机和磁带机等组成的，在计算机外部又增加了过程输入 / 输出通道，用来将工业生产过程的检测数据送入计算机进行处理。

4）个人计算机

个人计算机是一种相对独立的计算机，完完全全跟其他部件无联系，相对于笔记本计算机（笔记本）和上网本计算机来说它的体积较大，其主机、显示器等设备一般都是独立的。个人计算机一般需要放置在计算机桌或者专门的工作台上，因此也称为台式机。多数家庭和公司使用的都是台式机，台式机的性能相较同类笔记本计算机的性能要更强一些。

5）嵌入式计算机

根据国际电气与电子工程师学会（Institute of Electrical and Electronics Engineers，IEEE）的定义，

嵌入式计算机具有运算、存储、I/O 的功能，并被包覆在更大的机械或电子设备中，负责处理、执行系统中的特定任务。也因为被包覆、隐藏在机台或机箱里，所以它被称为"嵌入式"。

嵌入式计算机一般由嵌入式微处理器、外围硬件设备、嵌入式操作系统以及用户的应用程序 4 个部分组成。它是计算机市场中种类增长最快的领域，具有种类繁多、形态多样的计算机系统。

3.计算机的发展趋势

随着科技的进步，各种计算机技术、网络技术飞速发展，计算机的发展已经进入一个快速而又崭新的时代，计算机的特点已经从功能单一、体积较大发展为功能复杂、体积微小、资源网络化等。计算机的未来充满了无限可能，其性能的大幅度提升是不容置疑的，实现性能的飞跃有多种途径。不过性能的大幅提升并不是计算机发展的唯一路线，计算机还会变得越来越人性化，同时注重环保等。

计算机从出现至今，经历了机器语言、程序语言、简单操作系统和 Linux/macOS/Windows 等现代操作系统，运行速度得到极大的提升。计算机也由原来的仅供军事科研使用发展到人人拥有，计算机强大的应用功能引发了巨大的市场需求，未来计算机应向着巨型化、微型化、网络化、智能化和多功能化的方向发展。

1）巨型化

巨型化指研制速度更快、存储量更大和功能更强大的巨型计算机，其主要应用于天文、气象、地质、核技术、航天和卫星轨道计算等尖端科学技术领域。研制巨型计算机的技术水平是衡量一个国家科学技术和工业发展水平的重要标志之一。

2）微型化

计算机的微型化已成为计算机发展的重要方向，各种笔记本计算机和 PDA（personal digital assistant，个人数字助理）的大量面世和使用是计算机微型化的一个标志。

3）网络化

计算机网络化后可以更好地管理网上的资源，可以把整个互联网虚拟成一台空前强大的一体化信息系统，犹如一台巨型机。在这个动态变化的网络环境中，计算机网络化实现计算资源、存储资源、数据资源、信息资源、知识资源、专家资源的全面共享，从而让用户享受到可灵活控制的、智能的、协作式的信息服务，并获得前所未有的使用方便性和高效性。

4）智能化

计算机智能化是指使计算机具有模拟人的感觉和思维过程的能力。计算机智能化的研究包括模拟识别、物形分析、自然语言的生成和理解、博弈、定理自动证明、自动程序设计、专家系统、学习系统和智能机器人等。目前已研制出多种具有人的部分智能的机器人，可以代替人在一些危险的工作岗位上工作。智能化的家庭机器人也继 PC 之后成为家庭普及的信息化产品。

5）多功能化

计算机不仅可以用于计算、存储信息，也可以用于学习、购物、浏览新闻、影音娱乐等。

任务 1-2 了解计算机的构成

常用的计算机虽然体积不大，却具有许多复杂的功能，并且在系统组成上几乎与大型计算机系统没有什么不同。计算机的构成分为两部分：硬件系统和软件系统。

计算机的硬件系统是构成计算机系统各功能部件的集合。计算机的硬件是看得见、摸得着的，是实际存在的物理实体。

计算机的软件系统是指与计算机系统操作有关的各种程序以及任何与之相关的文档和数据的集合。

没有安装任何软件的计算机通常称为"裸机"。如果计算机硬件脱离了计算机软件，那么它就成了一台无用的机器；如果计算机软件脱离了计算机硬件，那么它就失去了运行的物质基础。硬件与软件相互依存，相辅相成，共同构成一个完整的计算机系统。

1.计算机硬件系统的组成

计算机硬件系统大致由主机、显示器、键盘、鼠标和其他输入／输出设备组成，如图1-2所示。

图1-2 计算机硬件系统的组成

1）主机

主机包括CPU、内存、主板、硬盘、光盘驱动器、接口适配器、机箱和电源等，如图1-3所示。

图1-3 主机内部结构

（1）CPU。CPU（中央处理器）是计算机的大脑，负责整个计算机的运算和控制，它决定着计算机的主要性能和运行速度。CPU如图1-4所示。

图 1-4　CPU

（2）内存。内存储器由半导体大规模集成电路芯片组成，在主机中起着存储动态数据的作用，内存条直接通过主板与 CPU 相连。内存的性能与容量也是衡量主机整体性能的一个主要因素。在计算机工作时，它存放着计算机运行时所需要的数据，关机后，内存中的数据将全部消失。灯条内存如图 1-5 所示。

（3）主板。主板是一块多层印制的电路板。主板上有 CPU、内存条、扩展槽、键盘和鼠标接口以及一些外部设备的接口与控制开关等。主板如图 1-6 所示。

图 1-5　灯条内存

图 1-6　主板

（4）硬盘。硬盘是计算机最主要的外存设备，也是硬件系统重要的组成部分。硬盘分为机械硬盘（见图 1-7）和固态硬盘（solid state disk，SSD，见图 1-8）。硬盘主要用来保存程序和文件，通过相应的接口与主板相连。

图 1-7　机械硬盘

图 1-8　固态硬盘（M.2 接口）

（5）光盘驱动器。光盘驱动器简称光驱，用来读取光盘上的信息，通常安装在主机箱的前面，现在应用较少，如图 1-9 所示。

图 1-9 光驱

（6）接口适配器。接口适配器是主板与各种外部设备之间的连接渠道，主要有显卡（见图 1-10）、网卡、声卡（见图 1-11）等，具有标准的电气接口和机械尺寸。

图 1-10 显卡

图 1-11 声卡

（7）机箱。机箱由金属箱体和塑料面板组成，除显示器、键盘和鼠标外，所有的装置部件均安装在机箱内部。机箱前面一般配有各种工作状态指示灯和控制开关。机箱根据主板的规格分为加强型、标准型、紧凑型、迷你型等种类。标准型机箱如图 1-12 所示。

（8）电源。电源是安装在一个金属壳内的独立部件，它的作用是为主机中的各部件提供工作所需的电源，如图 1-13 所示。

图 1-12 标准型机箱

图 1-13 电源

2）显示器

显示器是计算机常用的输出设备，用户使用键盘操作的情况、程序的运行状况等信息都可以显示在屏幕上。显示器可以显示文本和图形，分为 CRT（cathode-ray tube，阴极射线管）和 LCD（liquid crystal display，液晶显示器）两种。液晶显示器如图 1-14 所示。

图 1-14　液晶显示器

3）键盘和鼠标

键盘（见图 1-15）是计算机的基本输入设备，用户的各种命令和数据都可以通过键盘输入到计算机中。键盘的标准接口有 USB（universal serial bus，通用串行总线）接口和 PS/2 接口，现大多使用 USB 接口。鼠标是一个指向并选择计算机屏幕上项目的小型设备，分为有线鼠标（见图 1-16）和无线鼠标（见图 1-17）两种。

图 1-15　键盘　　　　　　　　图 1-16　有线鼠标　　　　　图 1-17　无线鼠标

4）输入 / 输出设备

（1）打印机。打印机是计算机系统中最常用的输出设备之一，打印机在计算机系统中是可选的。利用打印机可以打印各种资料、文书、图形及图像等。打印机主要有针式打印机、喷墨打印机、激光打印机三大种类。激光打印机如图 1-18 所示。

（2）音箱。音箱是整个音响系统的终端，其作用是把音频电能转换成相应的声能，并把它辐射到空间中。音箱是音响系统极其重要的组成部分，它担负着把电信号转变成声信号供人的耳朵直接听的关键任务。有源音箱如图 1-19 所示。

（3）扫描仪。扫描仪是利用光电技术和数字处理技术，以扫描方式将图形或图像信息转换为数字信号的装置。扫描仪通常作为计算机外部使用的设备，是通过捕获图像并将之转换成计算机可以显示、编辑、存储和输出的数字化输入设备。照片、文本页面、图纸、美术图画、照相底片、菲林软片，甚至纺织品、标牌面板、印制板样品等三维对象都可作为扫描仪的扫描对象，扫描仪提取信息并将原始的线条、图形、文字、照片、平面实物转换成可以编辑的电子文件。扫描仪如图 1-20 所示。

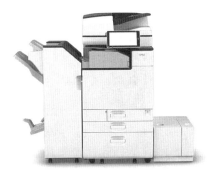

图 1-18　激光打印机　　　　图 1-19　有源音箱　　　　图 1-20　扫描仪

（4）投影仪。投影仪是一种利用光学元件将工件的轮廓形状放大，并将其投影到影屏上的光学仪器。它可用透射光测量轮廓，也可用反射光测量不通孔的表面形状，以及观察零件表面。投影仪特别适合测量具有复杂轮廓且细小的工件，如钟表零件、冲压零件、电子元件、样板、模具、螺纹、齿轮和成型刀具等，检验效率高，使用方便，广泛应用于计量室、生产车间，以及有会议的场合。投影仪可以通过不同的接口同计算机、DVD、游戏机等连接，播放相应的视频信号。投影仪如图 1-21 所示。

（5）麦克风。麦克风（又称微音器或话筒，正式的中文名为传声器）是一种将声音转换成电信号的换能器。麦克风如图 1-22 所示。

图 1-21　投影仪　　　　　　　　图 1-22　麦克风

（6）U 盘。U 盘是指 USB 闪存盘，它是一种使用 USB 接口与计算机连接且无需物理驱动器的微型高容量移动存储产品，可以实现即插即用。U 盘连接到计算机的 USB 接口后，U 盘的资料可与计算机进行交换。U 盘的称呼最早来源于朗科科技生产的一种新型存储设备，名曰"优盘"，由于朗科已进行专利注册，之后生产的类似技术的设备不能再称为"优盘"，所以改称谐音的"U 盘"。后来，U 盘这个称呼因其简单易记而广为人知。U 盘如图 1-23 所示。

（7）移动硬盘。移动硬盘顾名思义是以硬盘作为存储介质，在计算机之间交换大容量数据，强调便携性的存储产品。移动硬盘多采用 USB、IEEE 1394 等传输速度较快的接口，能够以较高的速度与系统进行数据传输。

由于采用硬盘为存储介质，因此移动硬盘在数据的读写模式上与标准 IDE（integrated drive electronics，电子集成驱动器）硬盘是相同的。移动硬盘在 USB 1.1 接口规范的产品上，在传输较大数据量时耗时较长，而在 USB 2.0、IEEE 1394、SATA（serial advanced technology attachment interface，串行先进技术总线附属接口）接口的产品上就相对好很多。移动硬盘如图 1-24 所示。

图1-23 U盘

图1-24 移动硬盘

2. 区分硬件系统与软件系统

计算机由硬件系统和软件系统两大部分组成。

硬件系统是构成计算机系统各功能部件的集合，是由电子、机械和光电元件组成的各种计算机部件和设备的总称，是计算机完成各项工作任务的条件基础。

软件系统是一系列按照特定顺序组织计算机指令和数据的集合，包括操作系统、应用软件及支撑类软件（驱动、插件）等。Windows 10 操作系统如图1-25所示。

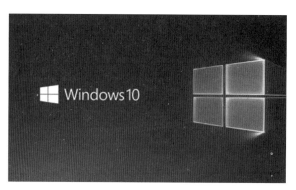

图1-25 Windows 10 操作系统

3. 认识各种类型的计算机

根据计算机的用途和性能，计算机可以分为如下几种。

1）台式计算机

台式计算机需要放置在桌面上，它的主机、键盘和显示器是相互独立的，通过电缆和插头连接在一起。台式计算机如图1-26所示。

2）笔记本计算机

笔记本计算机也称手提式计算机，它把主机、硬盘、键盘和显示器等部件组装在一起，体积有手提包大小，并用蓄电池供电，是一种体积小、便于携带的计算机。根据市场定位，笔记本计算机可分为游戏本、轻薄本、二合一笔记本、超级本、商务办公本、影音娱乐本、校园学生本和创意设计本等类型。二合一笔记本计算机如图1-27所示。

图 1-26   台式计算机

图 1-27   二合一笔记本计算机

3）工作站

工作站是一种高端通用的计算机。它主要是为了满足工程设计、动画制作、科学研究、金融管理、模拟仿真等专业领域的需求而开发的高性能计算机，一般配有高分辨率的大屏或多屏显示器以及容量很大的内存和硬盘，具有很强的数据处理能力和高性能的图形、图像、视频编辑能力。其服务器主板如图 1-28 所示。

图 1-28   工作站服务器主板

4）一体式计算机

一体式计算机是由一台显示器、一个键盘和一个鼠标组成的具备高度集成特点的自动化计算机设备，改变了传统计算机屏幕和主机分离的设计方式，把主机与显示器集成在一起，使计算机所需的所有主机配件全部高度集成化地集中到屏幕后侧，只要将键盘和鼠标连接到显示器上就可以使用。一体式计算机如图 1-29 所示。

5）平板计算机

平板计算机（Tablet PC）是一种小型、方便携带的个人计算机，以触摸屏作为基本的输入设备，提供浏览互联网、收发电子邮件、观看电子书、播放音频或视频、玩游戏等功能。目前市场按照用途和功能将平板计算机分为通话平板、娱乐平板、二合一平板、商务平板、投影平板等 5 种类型。娱乐平板如图 1-30 所示。

图 1-29 一体式计算机   图 1-30 娱乐平板

训练要求

以组为单位打开计算机的机箱，查看内部结构，并掌握计算机硬件的组成和线路的连接，制作 PPT 并分组进行汇报。

训练思路

本实训内容主要包括拆卸连线、打开机箱和查看硬件三个步骤。

训练提示

（1）关闭主机电源，拔出机箱电源线插头，拔出显示器的电源线插头。

（2）将显示器的数据线插头两侧的螺钉拧松，再将数据线插头向外拔出。

（3）将鼠标连接线插头从机箱后的接口上拔出，并使用同样的方法将键盘连接线插头拔出。如果计算机还有一些使用 USB 接口的设备，如打印机、摄像头、扫描仪等，也需拔出其 USB 连接线插头。

（4）如果计算机连接了网络，需要将网线插头拔出，完成计算机外部连接的拆卸工作。

（5）用十字螺丝刀拧下机箱的固定螺钉，取下机箱盖。

（6）观察机箱内部各种硬件及其连接情况。通常在机箱内部的上方，靠近后侧的是主机电源，其通过 4 颗螺钉固定在机箱上。主机电源分出的电源线分别连接到各个硬件的电源接口。

（7）在机箱驱动器架下方通常安装的是硬盘，硬盘通过数据线与主板连接。

（8）机箱内部最大的一个硬件是主板，从外观上看，主板是一块方形的电路板，上面有 CPU、显卡、内存，以及主机电源线和机箱面板按钮连线等。

项目 2

认识计算机核心配件

项目导入 ▶

　　计算机的应用方向多种多样，使用人群也涉及各行各业，那么如何来分辨计算机核心配件的应用方向呢？本项目将带领读者了解计算机核心配件的主要技术参数，以便更好地选用这些计算机核心配件。

学习目标 ▶

知识目标

（1）了解 CPU 品牌。

（2）了解主板品牌。

（3）了解内存品牌。

（4）了解计算机散热器品牌

（5）了解机械硬盘和固态硬盘品牌。

（6）了解电源品牌。

能力目标

（1）能够理解 CPU 的主要技术参数。

（2）能够理解主板的主要技术参数和结构。

（3）能够理解内存的主要技术参数。

（4）能够理解计算机散热器的散热方式。

（5）能够理解机械硬盘和固态硬盘的主要技术参数。

（6）能够理解电源的主要技术参数。

素养目标

（1）通过了解计算机核心配件的技术参数和应用方向，认识科技创新对社会进步和国家发展的重要性。

（2）明确计算机技术的应用应遵循科技伦理和法律规定，关注信息安全、隐私保护等问题。树立正确的科技伦理观念，培养社会责任感和公民意识。

（3）将所学的计算机核心配件知识应用到实际问题中，提高解决问题和实践的能力。积极参与科研项目、创新创业等活动，培养沟通能力和团队合作精神。

任务 2-1　了解 CPU

中央处理器（CPU）是一台计算机的运算核心和控制核心。CPU、内存和输入 / 输出设备是计算机的三大核心部件。计算机中所有的操作都由 CPU 来负责读取指令，对指令译码以及执行指令。CPU 的主要功能是解释计算机指令以及处理计算机软件中的数据。所谓计算机的可编程性也主要是指对 CPU 的编程。CPU 由运算器、控制器和寄存器及实现它们之间的联系的数据、控制及状态总线构成。

1. CPU 的品牌

CPU 的生产品牌主要有英特尔（Intel，或写作 intel）、超威（AMD）和龙芯（Loongson）等，市场上主要销售的是 Intel 和 AMD 的产品。

1）英特尔

英特尔公司是全球最大的半导体芯片制造商，它成立于 1968 年。1971 年，英特尔公司推出了全球第一个微处理器。该公司主要有赛扬（Celeron），奔腾（Pentium），Core（酷睿）i3、i5、i7、i9 和服务器计算机使用的 Xeon W、Xeon E 等 CPU 产品。Intel 公司标识如图 2-1 所示，Intel CPU 的外盒包装如图 2-2 所示。图 2-3 所示的 CPU 的型号为 "INTEL CORE i9-13900K"。其中，"INTEL" 是公司名称；"CORE i9" 代表 CPU 系列；"13" 代表该系列 CPU 的代别；"900" 代表库存编号（stock keeping unit，SKU 值）；"K" 代表该 CPU 可超频。图 2-4 所示为该款 CPU 的背面样式。

图 2-1　intel 公司标识

图 2-2　intel CPU 的外盒包装

图 2-3　INTEL CORE i9-13900K

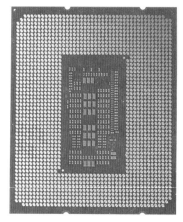

图 2-4　"INTEL CORE i9-13900k" CPU 的背面样式

2）AMD

超威半导体公司成立于 1969 年，总部位于加利福尼亚州圣克拉拉，是全球第二大微处理器芯片供应商。多年来 AMD 一直是 Intel 公司的强劲对手。因为是技术授权设计而来的处理器，AMD 8086、8088 和 intel 的产品型号一模一样。AMD 主要的产品系列有推土机、APU、Ryzen（锐龙）等。AMD 公司标识如图 2-5 所示，Ryzen 5 的外盒包装如图 2-6 所示。图 2-7 所示为 AMD 公司生产的 CPU，其型号为"AMD Ryzen 5 7600"。其中，"AMD"是公司名称；"Ryzen"代表 CPU 系列；"5"代表 CPU 的代别；"7600"代表 CPU 的等级。该 CPU 背面如图 2-8 所示。

图 2-5　AMD 公司标识

图 2-6　Ryzen 5 外盒包装

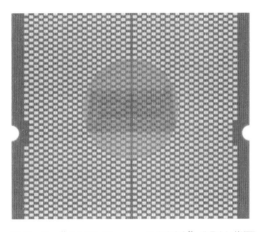

图 2-7　AMD Ryzen 5 7600

图 2-8　"AMD Ryzen 5 7600"CPU 背面

3）国产芯片——龙芯

芯片是我国信息产业发展的核心领域，CPU 代表了芯片中的核心技术。在此方面，我国与发达国家相比还存在差距。经过多年的努力，国产 CPU 的技术差距已经有显著的缩小，但是在民用商业领域内，国产 CPU 的应用仍有一定的局限性。

2002 年，"龙芯一号"的诞生标志着我国拥有了首枚有自主知识产权的通用高性能微处理芯片。自 2002 年以来，龙芯共开发了一号、二号、三号 3 个系列的处理器，在政企、安全、金融、能源等应用场景得到广泛的应用。

（1）龙芯一号。龙芯一号系列为 32 位低功耗、低成本的处理器，主要面向低端嵌入式和专用应用领域。

龙芯一号 CPU 是兼顾通用及嵌入式 CPU 特点的 32 位处理器内核，采用类 MIPS Ⅲ（microprocessor without interlocked pipeline stages，无互锁流水线微处理器）指令集，具有 7 级流水线、

32 位整数单元和 64 位浮点单元。龙芯一号 CPU 内核具有高度灵活的可配置性和方便集成的各种标准接口。龙芯一号如图 2-9 所示。

图 2-9　龙芯一号

（2）龙芯二号。龙芯二号系列为 64 位低功耗单核或双核系列处理器，主要面向工业控制自动化和终端等领域。

龙芯二号 CPU 采用先进的四发射超标量超流水结构，片内一级指令和数据高速缓存各为 64 KB，片外二级高速缓存最多可达 8 MB，最高频率为 1000 MHz，功耗为 3~5 W，远远低于国外同类芯片，其 SPEC CPU 2000 测试程序的实测性能是 1.3 GHz 的威盛处理器的 2~3 倍，已达到中等 Pentium 4 的水平。龙芯二号如图 2-10 所示。

（3）龙芯三号。龙芯三号系列为 64 位多核系列处理器，主要面向桌面和服务器等领域。

龙芯 3A 的工作频率为 900 MHz~1 GHz，功耗约为 15 W。其频率为 1 GHz 时双精度浮点运算速度峰值达到每秒 160 亿次，单精度浮点运算速度峰值达到每秒 320 亿次。龙芯 3A 集成了四个 64 位超标量处理器核、4 MB 的二级 cache、两个 DDR2/3（double data rate，双倍数据速率）内存控制器、两个高性能 Hyper Transport 控制器、一个 PCI/PCIX（peripheral component interconnect，外设部件互连；PCIX 是 PCI 的更新版本）控制器以及 LPC（low pin count，一种总线控制器）、SPI（serial peripheral interface，串行外围设备接口）、UART（universal asynchronous receiver/transmitter，通用异步接收发送设备）、GPIO（general-purpose input/output，通用输入输出）等低速 I/O 控制器。龙芯 3A 的指令系统与 MIPS 64 兼容并通过指令扩展支持 x86 二进制翻译。

2019 年 12 月 24 日，龙芯 3A4000/3B4000 在北京发布，使用与上一代产品相同的 28 nm 工艺，通过设计优化，实现了性能的成倍提升。龙芯坚持自主研发，芯片中的所有功能模块，包括 CPU 核心等在内的所有源代码均实现自主设计，所有定制模块也均为自主研发。

2022 年 7 月，龙芯中科官微发布消息，新一代龙芯三号系列处理器配套桥片龙芯 7A2000 正式发布，相较于前一代产品，龙芯 7A2000 的高速 I/O 接口已达到市场主流水平，并内置自研 GPU（graphics processing unit，图形处理单元）核心，可形成独显方案，极大地降低了系统成本，提升了新一代龙芯三号 CPU 在桌面与服务器的整体性能表现。龙芯三号如图 2-11 所示。

2022 年 12 月，龙芯中科完成了 32 核龙芯 3D5000 初样芯片验证。

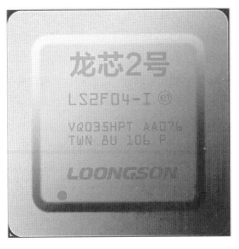

图 2-10　龙芯二号

图 2-11　龙芯三号

2. CPU 的基本属性

1）CPU 的系列

早期的 CPU 系列型号并没有明显的高低端之分，但随着 CPU 技术和 IT 市场的发展，Intel 和 AMD 两大 CPU 生产厂商出于细分市场的目的，都不约而同地将自己旗下的 CPU 产品细分为高、中、低端，从而以性能高低来细分市场。

Intel 旗下的 CPU 系列主要有 Celeron（赛扬）、Pentium（奔腾）、Core2 Duo（酷睿双核）、酷睿 i3、酷睿 i5、酷睿 i7、酷睿 i9、凌动和 Xeon 系列等。

AMD 旗下的 CPU 系列主要有推土机 FX、APU、速龙、羿龙、闪龙、锐龙系列等。

2）CPU 的核心

CPU 的核心负责计算机的运算和控制。CPU 的核心是整个计算机系统的中枢和骨干，是运行程序和处理数据的主要核心，它能够快速及时地将指令转换为真实可执行的行为。CPU 核心数即一个 CPU 由多少个核心组成，核心数越大，代表这个 CPU 的运转速度越快，性能越好。对于数据处理，一核 CPU 相当于一个人处理数据，双核 CPU 相当于两个人处理同一个数据，四核 CPU 相当于四个人处理同一个数据，因此核心数越多，CPU 的工作效率也就越高。

Intel CPU 的核心数量主要有二十四核心、十六核心、十二核心、十核心、八核心、六核心、四核心和双核心。

AMD CPU 的核心数量主要有六十四核心、三十二核心、二十四核心、十六核心、十二核心、八核心和六核心。

3）CPU 的插槽类型和主板的接口对应关系

（1）Intel 主要 CPU 与插槽类型的适配关系。

① LGA 1151 接口：适用酷睿 i 系列 8 代、9 代 CPU。

② LGA 1200 接口：适用酷睿 i 系列 10 代、11 代 CPU。

③ LGA 1700 接口：适用酷睿 i 系列 12 代、13 代 CPU。

（2）AMD 主要 CPU 与插槽类型的适配关系。

① FM2+（PGA 906 针）接口：适用 APU（A6、A8、A11）、速龙 II、FX 系列的 CPU。

② AM1（PGA 721 针）接口：适用闪龙、速龙系列 CPU。

③ AM4（PGA 1331 针）接口：适用 APU（A6、A8、A10、A12）、1000 系 /2000 系 /3000 系的 R3、R5、R7 CPU 等。

④ AM5（PGA 1718 针）接口：适用 7000 系 R5、R7、R9 CPU 等。

任务 2-2　了解主板

主板（mainborad）是机箱中最重要的一块电路板。主板的主要功能是为计算机中其他部件提供插槽和接口，计算机中的所有硬件通过主板直接或间接地组成了一个工作平台，通过这个平台，用户才能执行对计算机的相关操作。

1. 主板的相关知识

主板又叫系统板或母板，它分为商用主板和工业主板两种。主板安装在机箱内，是主机中最大的一块多层印刷电路板，也是主机中最基本、最重要的部件之一。主板一般为矩形电路板，上面安装了组成计算机的主要电路系统的各种元器件和接插件，是计算机的连接中枢。主板上一般有 BIOS（basic input/output system，基本输入输出系统）芯片、I/O 控制芯片、键盘和面板控制开关接口、指示灯插接件、扩充插槽、主板及插卡的直流电源供电接插件等元件。主板采用了开放式结构，主板上有 6~15 个扩展插槽，可供 PC 外围设备的控制卡（适配器）插接。通过更换主板上的插卡，可以对计算机的相应子系统进行局部升级，厂家和用户在配置机型方面有了更大的灵活性。总之，主板在整个计算机系统中有着举足轻重的作用。可以说，主板的类型和性能决定着整个计算机系统的类型和性能。

2. 主板的主流品牌

扫一扫
主板列举样品

（1）华硕（ASUS）：全球主要的、著名的主板制造商，也是公认的优秀主板品牌，做工追求"实而不华"，高端主板尤其出色，超频能力很强，但价格昂贵。另外，中低端的某些型号也有相对较差的产品。

代表产品：TUF、重炮手、ROG。

（2）技嘉（Gigabyte）：一贯以"华丽"的做工而闻名，但绝非"华而不实"，超频方面虽不甚出众，但在稳定性和可靠性方面表现出色，其主板供电系统的设计也比较出色，可以提供稳定的电压和电流，确保处理器和内存等设备的正常运行。

代表产品：小雕、大雕、超级雕。

（3）微星（MSI）：主要以高性价比和丰富的功能而著名。它通常拥有比较好的散热系统和供电系统，能够提供稳定的性能。微星主板还支持 RGB 灯效和多个 M.2 插槽，适合那些需要高速存储和多个外设的用户。此外，微星的 BIOS 配置比较容易使用，适合初学者和普通用户。

代表产品：爆破弹、迫击炮、刀锋钛、MPG。

（4）映泰（Biostar）：拥有特色技术，但超频能力一般，比较适合家用和商用。

（5）英特尔（Intel）：主板做工用料很出色，不支持超频，附件也很少，比较适合家庭和企业使用。

3. 主板的结构

1）主板外观结构

主板从外观上观察，主要由以下结构组成，如图2-12和图2-13所示。南北双芯主板各部分名称如表2-1所示。

PCT-E插槽
CMOS电池
BIOS芯片
芯片组
SATA插槽

对外接口
辅助电源插槽
CPU插槽
CPU风扇电源插槽
内存插槽
电源插槽

图 2-12　主板结构

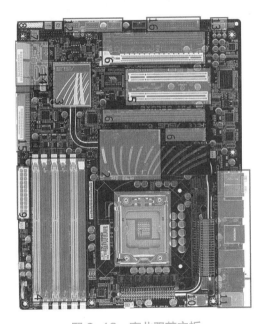

图 2-13　南北双芯主板

注意：图2-13为最后一代使用双芯片（南北双芯）的主板。之后所有Intel与AMD的主板仅有南桥，北桥已集成到CPU。

表 2-1　南北双芯主板各部分名称

序号	名称	序号	名称
1	CPU 插座	9	20+4pin（插针或管脚）主板电源
2	北桥（被散热片覆盖）	10	4+4pin 处理器电源
3	南桥（被散热片覆盖）	11	背板 I/O
4	存储器插座（三通道）	12	前置 USB 针脚
5	PCI 扩展槽	13	前置面板音效针脚
6	PCI-e 扩展槽	14	SATA 插座
7	跳线帽	15	IDE 硬盘接口（已淘汰）
8	控制面板（开关掣、LED 等）	16	软盘驱动器（软驱）接口（已淘汰）

2）主板的插槽与接口

（1）CPU 插槽。主板上的 CPU 插槽结构如图 2-14 所示。

图 2-14　主板上的 CPU 插槽结构

扫一扫

CPU 型号与插槽
适配汇总

　　CPU 插槽是安装和固定 CPU 的专用扩展槽，会依据主板支持的 CPU 不同而不同，其主要表现在 CPU 背面各电子元件的布局及插槽结构的不同。CPU 插槽通常由固定罩、固定杆和 CPU 插座 3 部分组成。在安装 CPU 前，要打开固定罩，然后将 CPU 放置在 CPU 插座上，再合上固定罩并用固定杆固定好 CPU，最后安装 CPU 的散热装置。此外，CPU 的插槽型号要与主板的 CPU 插槽类型相对应。

　　（2）辅助电源插槽。辅助电源插槽是为 CPU 提供辅助电源的，目前的 CPU 供电都是由 8pin 插槽提供的，也有可能采用 4pin 插槽。图 2-15 所示为主板的 8pin 和 4pin 辅助电源插槽。

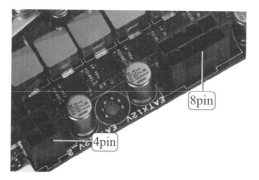

图 2-15　主板的辅助电源插槽

主板一般会为 CPU 散热风扇提供电源供电插槽，这个插槽会被标记"CPU_FAN"。图 2-16 所示为主板 CPU 风扇接电处。

（3）内存插槽。内存插槽也称 DIMM（dual in-line memory modules，双列直插式内存组件）插槽，是主板上用来插放内存条的插槽。内存条会通过金手指（一般指有金黄色导电触片的接口）与主板连接。主板芯片组不同，支持的内存类型也不一样，不同的内存插槽在引脚数、额定电压等方面有很大的不同。图 2-17 所示为支持双通道技术的主板内存插槽。

图 2-16　主板 CPU 风扇接电处

图 2-17　支持双通道技术的主板内存插槽

（4）PCI-e 插槽。PCI-e 插槽即显卡插槽，当前的主板大都是配备 3.0 版本。主板上插槽越多，支持的模式就越多。高端主板上一般有两个以上的显卡插槽。目前主流的显卡接口为 PCI-e ×16 接口，PCI-e 插槽还有 ×1、×4、×8 等不同宽度的接口。×16 代表 16 条总线同时传输数据。PCI-e 规格中的数越大，其性能就越好。图 2-18 所示为主板上的 PCI-e 插槽。

（5）SATA 插槽。SATA 插槽又称串行接口（串口），以连续串行的方式传送数据，减少了插槽的针脚数目，主要用来支持 SATA 插槽的硬盘和固态硬盘。图 2-19 所示为主流的 SATA 插槽，其能够与 USB 设备一起通过主芯片组与 CPU 通信，带宽可达 6 Gbit/s（传输速率大约为 750 MB/s）。

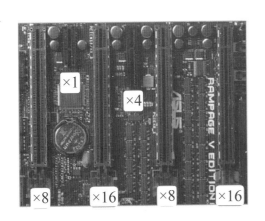

图 2-18　PCI-e 插槽

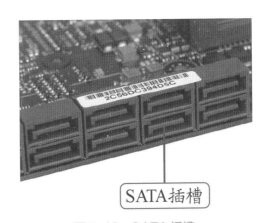

图 2-19　SATA 插槽

（6）M.2 接口。M.2 接口是比较热门的一种存储设备接口，其特点是带宽大、传输速率快、占用空间小，主要用于连接比较高端的固态硬盘。主板 M.2 接口如图 2-20 所示。

（7）音频接口。音频接口是主板上比较常见的接口组合，如图 2-21 所示。

LINE OUT 接口：通过音频线来连接音箱的 Line 接口，可以输出经过计算机处理的各种音频信号。

LINE IN 接口：音频输入接口，需和其他音频专业设备相连，一般用来接收高保真的音频信号并将其输入到计算机里。家庭用户一般闲置该接口。

MIC 接口：与麦克风连接，用于聊天或者录音。

C/SUB 接口：用于中置、超重低音输出，在六声道和八声道下可以使用。

REAR 接口：后置音频输出接口。

SPDIF OUT 接口：SPDIF（SONY/PHILIPS digital interface format，SONY/PHILIPS 数字音频接口协议）光纤输出口，用来输出无损数字信号，它可以将音频信号直接输出为数字信号。

图 2-20　主板 M.2 接口

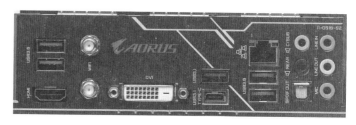

图 2-21　主板音频接口

（8）PS/2 接口。PS/2 接口有两组，分别为紫色的键盘接口和绿色的鼠标接口，两组接口不能插反，否则将找不到相应硬件。在使用中也不能进行热插拔，否则会损坏相关芯片或电路。PS/2 接口如图 2-22 所示。

（9）USB 接口。USB 接口的中文名为"通用串行总线"，一般连接设备有 USB 键盘、鼠标及 U 盘等。很多主板上有 3 种规格的 USB 接口——2.0 接口、3.0 接口、3.1 接口。图 2-23 所示为 USB 3.0 接口、3.1 接口和 Type-C 接口 3 种接口。Type-C 接口也属于 USB 接口，USB 2.0、USB 3.0 和 USB 3.1 被称为 Type-A 接口。Type-C 最大的特色是正反都可以接入，传输速度快，许多智能手机都采用这种接口。

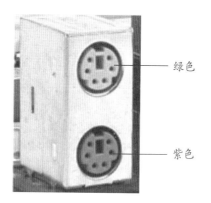

绿色

紫色

图 2-22　PS/2 接口

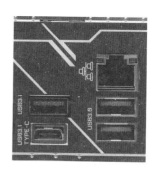

图 2-23　USB 接口

（10）RJ-45 接口。RJ-45 接口是网络接口，俗称水晶头接口，主要用来连接网线。当网线的水晶头插入时，正常情况下网卡上红色的灯会亮起，传输数据时则亮起绿色的灯。RJ-45 接口如图 2-40 所示。

图 2-24　RJ-45 接口

4.主板的基本属性

1）主板的板型

ATX（标准型）：目前主流的主板板型，也称"大板"或"标准板"。ATX 板型的尺寸是 305 mm × 244 mm。其特点是插槽较多、扩展性强。

M-ATX（紧凑型）：它是 ATX 板型主板的简化版本，也就是常说的"小板"，特点是扩展槽较少，PCI 插槽数量在 3 个或 3 个以下，其市场占有率极高，尺寸为 244 mm × 244 mm。

Mini-ITX（迷你型）：基于 ATX 架构设计，主要用于小空间的计算机，如汽车上、机顶盒或网络设备中。其尺寸为 170 mm × 170 mm，只配备了 1 个扩展插槽和 2 个内存插槽。

E-ATX（加强型）：支持 3 通道 6 条内存插槽或 4 通道 8 条内存插槽，是 ATX 板型的加强型，多用于服务器或工作站计算机，尺寸为 305 mm × 305 mm。

2）主板的芯片组

芯片组是主板的核心组成部分，早期是由南桥芯片和北桥芯片组成。南桥芯片主要负责硬盘等存储设备和 PCI 线之间的数据传输；北桥芯片负责处理 CPU、内存和显卡三者间的数据交流，曾经是芯片组中最重要并起主导作用的部分，所以过去主芯片组的命名一般以北桥芯片为主。现如今，CPU 集成了北桥芯片的大部分功能，南桥芯片的功能和位置并没有发生太大变化，整个得以保留。但芯片组的命名一直沿用以前的命名规则，以北桥芯片为主。表 2-2 和表 2-3 列举了主流主板的常见芯片组。

表 2-2　英特尔主板芯片组

Z 系列	Z790	Z690	Z590	Z490	Z390	Z370
B 系列	B760	B660	B560	B460	B365	B360
H 系统	H610	H510	H410	H370	H310	

表 2-3　超威主板芯片组

X 系列	X670	X570	X470	X399	X370
B 系列	B650	B550	B450	B350	
A 系列	A520	A320			

任务 2-3 了解内存

内存（memory）是计算机重要的部件，也称内存储器或主存储器，它用于暂时存放 CPU 中的运算数据以及与硬盘等外存储器交换数据。内存是外存与 CPU 进行沟通的桥梁，计算机中的所有程序都在内存中运行，内存性能的强弱直接影响计算机整体性能发挥的水平。

1. 内存简介

按照工作原理分类，内存可分为只读存储器（ROM）、随机存储器（RAM）以及高速缓存（cache）三类。

1）只读存储器

在 ROM 中存入的信息（数据或程序）可被永久保存。并且这些信息只能读取，不能写入，即使机器停电，这些数据也不会丢失。

2）随机存储器

随机存储器既可以读取数据，也可以写入数据。当机器电源关闭时，存于其中的数据就会丢失。

3）高速缓存

cache 包括平常看到的一级缓存（L1 cache）、二级缓存（L2 cache）、三级缓存（L3 cache）这些数据，它位于 CPU 与内存之间，是一个读写速度比内存更快的存储器。当 CPU 向内存写入或读取数据时，这些数据也被存进高速缓存中。当 CPU 再次需要这些数据时，CPU 就会从高速缓存中读取数据，而不是访问较慢的内存。当然，如果需要的数据在 cache 中没有，CPU 会去读取内存中的数据。

2. 内存的主流品牌

扫一扫
内存列举样品

（1）金士顿（Kingston）：该公司主要生产内存、闪存等存储产品，质量非常可靠。2021 年，在全球第三方内存条市场上，金士顿占据近 80% 的市场份额，这也是金士顿连续 19 年位居行业榜首。金士顿的内存条虽然性能不是很强劲，但是胜在稳定，所以它在市场上的占有率很高，是值得信赖的品牌之一。

（2）芝奇（G.Skill）：台湾地区内存条知名品牌，以提供优良的内存产品和高质量的服务享誉全球，产品涵盖内存条、机箱、电竞产品、固态硬盘等。芝奇的内存条属于内存中的高端品牌，超频是芝奇的强项，同时芝奇内存条在外观和散热这方面也做得较好。如果预算够，可以选高端品牌，芝奇是一个不错的选择。

（3）海盗船（Corsair）：国内又称海盗旗，是一家位于加利福尼亚州佛利蒙的私有公司。Corsair 公司是全球最大的内存供应商之一，是全球最受尊敬的超频内存制造商，也是多家世界知名计算机厂商 OEM（original equipment manufacture，原厂委托制造）合作伙伴。海盗船有高端系列的"统治者"和中高端系列的"复仇者"两类内存条。海盗船主打高端超频的内存条，其稳定性不错。

（4）威刚（ADATA）：专注于 DRAM（dynamic random access memory，动态随机存储器）、与非型闪存（NAND flash）及外围应用产品领域，主推内存、闪盘、闪存卡、固态硬盘及移动硬盘产品，威刚内存条普通产品有"万紫千红"系列，中高端产品有"威龙"和"龙耀"系列。威刚是国产内存品牌，特点是价格低、产品性能稳定，有一定的市场占有率。

（5）英睿达（Crucial）：全球大型内存和闪存制造商，也是世界半导体存储器方案供应商，主要从事闪存和固态硬盘的研发、生产和销售。

（6）金邦（GEIL）：专业内存模块制造商之一，1993 年成立于香港地区，1996 年将总部设于台北市，在多地设有生产基地和庞大的销售网络。金邦内存条不算很出名，相比于金士顿、三星、海盗船这些品牌，金邦的宣传较少，但金邦保修很出色，只要是正品金邦内存条，在保期间有任何问题都可以直接换新。

（7）朗科（Netac）：一家中国的数字存储解决方案提供商，生产内存卡、U 盘和固态硬盘等产品。1999 年，朗科研发出全球第一款 USB 闪存盘，成功启动了全球闪存盘行业。朗科自成立以来，通过核心技术及自主创新能力实现了多元化和有序扩张。公司拥有专利及专利申请总量超 300 项，产品远销 60 多个国家及地区。朗科集研发、生产、销售于一体，拥有自己的生产基地，积累了丰富的制造经验及成熟的产品化能力。

（8）铠侠（KIOXIA）：中国内存模块品牌，提供高性能内存产品，包括 DDR4 内存模块。

3. 内存常见属性

1）内存技术标准

按内存技术标准可将内存分为 SDRAM、DDR SDRAM、DDR2 SDRAM、DDR3 SDRAM、DDR4 SDRAM、DDR5 SDRAM、DDR6 SDRAM 等。

（1）SDRAM。SDRAM（synchronous dynamic random access memory，同步动态随机存储器）采用 3.3 V 工作电压，内存数据位宽为 64 位。SDRAM 与 CPU 通过一个相同的时钟频率锁在一起，使两者以相同的速度同步工作。SDRAM 在每一个时钟脉冲的上升沿传输数据。SDRAM 内存的金手指为 168 脚。

（2）DDR SDRAM。DDR SDRAM（简称 DDR）有"双倍速率 SDRAM"的意思。DDR 可以说是 SDRAM 的升级版本，DDR 在时钟信号上升沿与下降沿各传输一次数据，这使得 DDR 的数据传输速度为传统 SDRAM 的两倍。

（3）DDR2 SDRAM。DDR2 SDRAM（简称 DDR2）是 DDR SDRAM 内存的第二代产品。它在 DDR 内存技术的基础上加以改进，其传输速度更快，耗电量更低，散热性能更优良。

DDR2 SDRAM 是由 JEDEC（固态技术协会）开发的新生代内存技术标准，它与上一代 DDR 内存技术标准最大的不同就是虽然也采用了在时钟的上升沿和下降沿同时进行数据传输的基本方式，但 DDR2 内存却拥有两倍于上一代 DDR 内存的预读取能力（即 4 bit 数据预读取）。换句话说，DDR2 内存在每个时钟能够以 4 倍于外部总线的速度读 / 写数据，并且能够以 4 倍于内部控制总线的速度运行。

（4）DDR3 SDRAM。DDR3 SDRAM（简称 DDR3）也是属于 SDRAM 家族的内存产品，提供相较于 DDR2 SDRAM 更高的运行效率与更低的电压，是 DDR2 SDRAM 的后继者（提高至八倍）。

DDR3 相比于 DDR2 有更低的工作电压，从 DDR2 的 1.8 V 降低到 1.5 V，性能更好且更为省电，DDR3 将 DDR2 的 4 bit 预读取升级为 8 bit 预读取。

（5）DDR4 SDRAM。DDR4 SDRAM（简称 DDR4）内存是新一代的内存规格。DDR4 相比 DDR3 最大的区别有三点：16bit 预读取机制，同样内核频率下理论速度是 DDR3 的两倍；更可靠的传输规范，数据可靠性进一步提升；工作电压降为 1.2 V，更节能。

（6）DDR5 SDRAM。DDR5 SDRAM（简称 DDR5）是一种计算机内存规格。与 DDR4 相比，DDR5 标准性能更强，功耗更低。其工作电压从 1.2 V 降低到 1.1 V，同时每通道有 32/40 位差错控制编码（ECC，error control coding），总线效率提高，增加预读取的 BankGroup 数量以改善性能。现在多数 DDR5 内存的速度已提升至 6000 MHz，同时 DDR5 引入了 ECC 纠错机制，从而规避风险，提高可靠性并降低缺陷率。Intel 的 12 代处理器配套的 Z690 主板就支持 DDR4 和 DDR5 两种版本。

（7）DDR6 SDRAM。DDR6 SDRAM（简称 DDR6）是行业基准的下一代存储数据的标准，预计在未来的几年里，DDR6 将成为服务器、桌面计算机和移动计算平台的主内存技术。

DDR6 可提供更快的数据传输速度，拥有更多信道的 I/O。其运行速度是 DDR4 和 DDR5 的近两倍。最新一代技术还改进了 DDR6 和 DDR5 的性能，提高了其信号的可靠性和低电力要求，以及为数据中心应用提供更高的核心比例。

DDR6 在设计上还改善了功耗性能。与传统的 DDR4 一样，DDR6 使用了低功耗技术。例如，低功耗模式和低功耗激活空闲状态可最大限度地减少电力的消耗。此外，生产商还可以在 DDR6 内存中实现内部诊断，以减轻在安全和管理方面的负担，有助于提高系统的可靠性和可维护性。

总的来说，DDR6 是一项重要的技术，可以帮助数据中心应用改善性能，同时改善用户体验。

2）内存容量

内存容量是指该内存的存储容量，是内存的关键性能参数。内存容量同硬盘、软盘等存储器的容量单位相同，基本单位都是字节（byte）。市场上主流的内存容量规格有 4 GB、8 GB、16 GB 和 32 GB 等。在一般的家用计算机中，4 GB 或 8 GB 的内存容量已经足够日常使用。而在需要进行大型软件或游戏开发等高负载的场景下，16 GB 或 32 GB 的内存容量则更为常见。一些高端用户甚至会使用 64 GB 或 128 GB 的内存，以确保计算机能够处理大型复杂的任务。值得注意的是，随着计算机使用年限的增长，内存容量的需求也在不断提升。

3）内存频率

内存频率是指内存主频。内存主频和 CPU 主频一样，习惯上被用来表示内存的速度，它代表着该内存所能达到的最高工作频率。内存主频是以 MHz 为单位来计量的。内存主频越高，在一定程度上代表着内存所能达到的速度也越快。各种内存的频率如下。

DDR 内存频率有 266 MHz、333 MHz、400 MHz。

DDR2 内存频率有 353 MHz、667 MHz、800 MHz。

DDR3 内存频率有 800 MHz、1066 MHz、1333 MHz、1600 MHz、1866 MHz。

DDR4 内存频率有 2133 MHz、2400 MHz、2800 MHz、3200 MHz。

DDR5 内存频率有 3600 MHz、4200 MHz、4400 MHz、4800 MHz、5200 MHz、5600 MHz、6000 MHz。

DDR6 内存频率预计在 12~17 GHz。

4）工作电压

内存的工作电压是指内存正常工作时所需要的电压值，不同类型内存的工作电压也不同。电压越低，消耗的电能越少。

5）CL 值

CL 值即列地址控制器延迟，是指从读命令有效（在时钟上升沿出发）开始到输出端可提供数据为止的这一段时间。普通用户不必在意 CL 值，只需要了解在同等工作频率下，CL 值越低的内存更具有速度优势。

4. 内存的基本结构

内存的基本结构如图 2-25 所示。

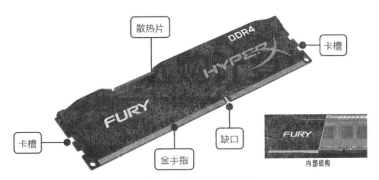

图 2-25 内存的基本结构

在内存的散热片下，还有内存芯片、电路板、SPD 芯片及电容 / 电阻等元件。下面来介绍各部件的作用。

1）内存芯片

内存芯片也称内存颗粒，是内存条上的小黑块，一般有 8~16 个，笔记本计算机的内存颗粒数量减半，服务器计算机的内存颗粒数量加 1。

2）电路板

电路板由玻璃纤维制成，多为绿、红、黑色的板，所有电路都安装在上面。

3）SPD 芯片

SPD 芯片主要记录内存的大小、速度、时序等信息，在电路板上是很小的一块，一般有 8 个引脚。

4）电容 / 电阻

电容或电阻在电路板上非常小，一般是 1~2 mm^2。

5）金手指

金手指是内存与主板相连接的部分，不同类型的 CPU 其金手指的针数也不一样。例如，DDR 184 针有一个缺口，单面有 92 个针脚，缺口左边有 52 个针脚，右边有 40 个针脚；DDR2 240 针有一个缺口，单面有 120 个针脚，缺口左边有 64 个针脚，右边有 56 个针脚；DDR3 240 针有一个缺口，单面有 120 个针脚，缺口左边有 72 个针脚，右边有 48 个针。DDR2 和 DDR3 都是 240 针，但缺口方向有很大区别，DDR2 的缺口相对接近中央，DDR3 的缺口比较远离中央。DDR4 284 针和 288 针，金手指中间的缺口位置相比 DDR3 更为靠近中央。

任务 2-4 了解计算机散热器

1. 散热器简介

计算机部件中大量地使用了集成电路。众所周知，高温是集成电路的大敌。高温不但会导致系统运行不稳，使用寿命缩短，甚至有可能使某些部件烧毁。而导致高温的热量不是来自计算机外，大都来自计算机内部，或者说是集成电路内部。散热器的作用就是将这些热量吸收，然后散发到机箱内或机箱外，保证计算机部件的温度正常。多数散热器通过和发热部件表面接触吸收热量，再通过各种方法将热量传递到他处，如传递到机箱内的空气中，然后机箱将这些热空气传到机箱外，完成计算机的散热。散热器的种类非常多，CPU、显卡、主板芯片组、硬盘、机箱、电源甚至光驱和内存都需要散热器，其中人们最常接触的就是 CPU 的散热器。

2. CPU 散热器的品牌

扫一扫

CPU 散热器列举样品

（1）利民：致力于提供专业工程计算机散热解决方案。利民在冷却行业一直是领先品牌，通过提高产品细节和用户体验，利民提供了在质量和性能上更高端的产品。

（2）九州风神：北京市九州风神科技股份有限公司旗下知名的计算机散热产品品牌。九州风神秉承"品质、品牌、服务、价格"的发展战略，以顾客满意为关注点，全力以赴，打造民族精品。

（3）超频三：深圳市超频三科技股份有限公司旗下品牌。超频三始终坚持核心技术自主研发，设立了工业设计中心、热传实验室、光电实验室、品控中心四大研发中心，形成了较为成熟的研发机制和完善的研发体系，不断致力于新产品、新技术、新工艺、新材料的研发与应用。

（4）乔思伯（JONSBO）：东莞市思博四通实业有限公司旗下品牌。乔思伯品牌立足于满足用户真实需求，为用户提供计算机主机整体化解决方案。发展至今，该品牌仍旧坚定地保持着设计生产符合用户真正需求的产品的初心，以用户需求为设计出发点。

（5）猫头鹰（noctua）：成立于奥地利，noctua 高级 PC 散热配件以其出色的低噪声、卓越的性能和完善的质量体系而享誉国际。noctua 的风扇和散热器获得了众多奖项和推荐，致力于为全球用户提供满意的服务。

（6）ID-COOLING：深圳市万景华科技有限公司旗下的计算机散热产品品牌。ID-COOLING 主打通信类、服务器类、DIY（自己动手制作）配件类产品，以打造专业、高效的产品为己任，积极进取，不断开发可靠、性价比高的散热与配件类产品。

3. 散热方式

散热器根据其散热方式可分为风冷、热管和水冷三种。

1）风冷散热器

风冷散热器是最常见的散热器类型之一，包括一个散热风扇和一个散热片。其原理是将 CPU 产生的热量传递到散热片上，然后再通过风扇将热量带走。

注意： 不同类型和规格的 CPU 使用的散热器也不同。

2）热管散热器

热管散热器是一种具有极高导热性能的传热元件，它通过在全封闭真空管内的液体的蒸发与凝结来传递热量。该类风扇大多数为"风冷＋热管"，兼具风冷和热管的优点，具有极高的散热性。

3）水冷散热器

水冷散热器使用液体在泵的带动下强制循环带走散热器的热量，与风冷相比，具有安静、降温稳定、对环境依赖小等优点。

4. 散热器类型

1）CPU 散热器

CPU 散热器分为被动散热、侧吹塔式、下压式、水冷和液氮 5 种类型。

（1）被动散热，只有超低功耗和低发热量的 CPU 使用。

（2）侧吹塔式，如玄冰 400，不能将热量吹到 CPU 附近的芯片。

（3）下压式，如超频三的青鸟 3，风扇向下吹，可以照顾到附近的芯片，但这种散热器的散热性能低。

（4）水冷，直接靠水来带走热量，然后通过冷排吹出热量。

（5）液氮，其温度可以低到零下 200 摄氏度左右，适合极限超频。

2）笔记本计算机散热器

笔记本计算机散热器主要通过底座散热，一般分为塑料制成的水垫和装有散热风扇的底座。

（1）水垫。塑料制造的水垫是一种效果很好而且成本比较低廉的散热工具，这种水垫有很多品牌和尺寸。很多水垫是用几个矩形塑料片将水隔离开，以使笔记本计算机在其上能够相对稳定地工作。水垫置于笔记本计算机底部后对计算机的降温效果非常明显。

（2）散热风扇底座。装有散热风扇的底座相对价格会高一些，底座一般是由金属外壳再加上 2~4 个内置风扇构成。底座供电主要通过笔记本计算机的 USB 接口或外置电源，有的产品还具有扩展输出多个 USB 接口的功能，散热效果非常明显。

3）机箱风扇

机箱风扇散热可根据风道分为水平风道、垂直风道和立体风道三种。

（1）水平风道。对于选择水平风道的用户来说，其计算机属于低端配置，计算机主机的发热量并不是很高，所以不需要过好的散热表现。往往选择这样的风道也是由主机箱内原有的风扇决定的，新手朋友一般都会使用这样经济实用的风道，只需要购买两个散热风扇。

（2）垂直风道。垂直风道的自然散热效果比较占据优势。使用垂直风道，即使机箱的硬盘位于背板上也能得到较好的散热效果，对 CPU、GPU 的降温效果也不错。

（3）立体风道。立体风道散热需多个风扇。立体风道是将 5 个风扇位全部安装风扇，只有这样才可以组建散热良好的立体风道，但风扇多了噪声比较大，所以要根据需要来选择机箱风扇。

任务 2-5 了解硬盘

硬盘是计算机最主要的存储设备之一，相当于计算机内数据的存放仓库，所有的图片、声音、视频、文字都能存放在硬盘中。硬盘具有存储空间大、数据传输速度快、安全系数较高等优点。

1. 硬盘简介

硬盘分为机械硬盘和固态硬盘两种类型，机械硬盘是传统硬盘，平常所说的硬盘都是指机械硬盘。固态硬盘是用固态电子存储芯片阵列制成的硬盘，区别于机械硬盘由磁盘、磁头等机械部件构成，整个固态硬盘无机械部件，全部是由电子芯片及电路板组成。常用的硬盘大致有如下几种。

1）机械硬盘

机械硬盘是一种磁盘存储设备，它由一个或多个内部磁盘驱动器组成，其中包含一个或多个磁头和一个或多个磁道，用于读取和写入数据。机械硬盘可以根据容量以及随机访问时间、吞吐量和可靠性来分类。

传统的机械硬盘主要由空气过滤片、磁头、主轴及控制电机、磁头控制器（磁头臂、永磁铁、音圈马达）、数据转换器、接口、缓存芯片等部分组成，其内部结构如图 2-26 所示。

空气过滤片

主轴（马达
电机与轴承
在其下方）

音圈马达

永磁铁

磁盘

磁头

磁头臂

图 2-26　机械硬盘内部结构

2）固态硬盘

固态硬盘（SSD）是一种存储设备，它将传统机械硬盘代替，使用固态芯片作为存储介质，没有移动部件，读写速度更快，成本更低，耐用性更强。固态硬盘将传统机械硬盘存储介质的机械磁头替换为电子芯片，读写速度明显提高，不仅可以存储数据，还可以起到缓存的作用，使系统的运行更加流畅。

3）M.2 固态硬盘

M.2（也称 NGFF，next generation form factor，下一代规格）是一种新型固态硬盘，它是一种超小型的硬盘，通常体积比传统硬盘要小得多。M.2 固态硬盘与传统硬盘不同，它没有传统的磁盘驱动器，而是采用芯片技术，具有较快的传输速度、更低的功耗、更小的体积，可以大大提高系统的运行速度。

2. 硬盘的品牌

1）机械硬盘品牌

扫一扫

硬盘列举样品

（1）西部数据（Western Digital）：著名的硬盘品牌之一，其硬盘产品质量非常高，拥有极高的可靠性和稳定性。西部数据的硬盘分为黑、蓝、绿、紫四个系列，分别面向不同用户群体。其中，黑盘是专业级硬盘，具有较高的性能和稳定性，适用于高负载的数据中心、高性能工作站等场景；蓝盘是家庭和办公室用户的选择，性能稳定，价格适中；绿盘是节能型硬盘，功耗低，散热好，适用于 NAS（network attached storage，网络附接存储）、娱乐中心等场景；紫盘是专为监控视频而设计的，能够实现24 小时不间断工作。

（2）希捷（SEAGATE）：美国硬盘品牌，其硬盘在数据存储和读写速度方面表现不错。希捷的硬盘产品涵盖了桌面硬盘、笔记本硬盘、企业级硬盘等多个领域。其中，希捷的酷鱼系列是比较受欢迎的一款硬盘，拥有较高的读写速度和稳定性。而希捷的 NAS 硬盘系列也是备受关注的产品之一，适用于 NAS 系统，可实现高效的数据备份和共享。

（3）东芝（TOSHIBA）：日本硬盘品牌，其硬盘以性能稳定、可靠性高、噪声低著称。东芝的硬盘产品主要有笔记本硬盘、桌面硬盘和企业级硬盘三大系列。其中，企业级硬盘的读写速度较快，可靠性和稳定性也很高，适用于高负载的数据中心和企业级应用场景。东芝的笔记本硬盘也是备受用户好评的产品之一，性能稳定，容量大。

2）固态硬盘品牌

（1）三星（SAMSUNG）：全球工业电子领域享有很高声誉的品牌，其固态硬盘产品备受推崇。三星固态硬盘采用独立 fab 架构，具有强大的性能和可靠性。作为全球唯一一家所有 SSD 组件均由内部自主设计生产的厂商，三星固态硬盘凭借原厂主控、闪存、缓存、固件的"四位一体"优势及质量可靠加持，成为行业一流的产品。三星固态硬盘的读写速度很高，性能较强。总之，三星固态硬盘以其卓越的性能和可靠性成为固态硬盘领域的标杆。

（2）金士顿：一家知名的存储设备制造商，其硬盘以高速读写、高可靠性和稳定性著称。金士顿的硬盘产品主要有固态硬盘和机械硬盘两种类型。固态硬盘具有读写速度快、耐用性强的特点，适用于高负载的数据中心和高性能工作站等场景。而机械硬盘则是容量大、价格相对较低的一种存储设备，适用于桌面计算机。

（3）长江存储（Yangtze Memory）：一家国内知名的固态硬盘制造商，其产品质量良好，具有高速读写、稳定性强等优点，能够满足用户对存储的高效、安全需求，在市场上备受青睐。

（4）梵想：在容量方面，梵想固态硬盘采用了大容量的存储空间以应对日常的使用需求，同时为用户搭载了较高的读取速度和写入速度，日常传输文件会更加高效。梵想产品具有良好的兼容性，其应用场景十分丰富。综合来看，梵想固态硬盘具有不错的性价比。

（5）七彩虹（COLORFUL）：国内著名的 DIY 配件品牌，其固态硬盘在售后服务方面表现出色，能够及时解决用户的问题，满足用户的需求。七彩虹的产品价格相对较低，如果资金预算紧张，可以考虑七彩虹。此外，如果用户不需要颗粒也不做主控，也可以选择其他品牌的固态硬盘。总之，七彩虹是一个性价比较高的固态硬盘品牌。

3. 硬盘的性能指标

1）硬盘的存储容量

硬盘容量以 MB 或 GB 为单位，主流硬盘容量为 500 GB~2 TB，影响机械硬盘容量的因素有单碟容量和碟片数量。计算机中显示出来的容量往往与硬盘容量的标称值不同，这是由于不同的单位转换关系造成的。在计算机中，1 GB=1024 MB，而硬盘厂家通常是按照 1 GB=1000 MB 进行换算的。

机械硬盘常规容量：10 TB 及以上、8 TB、6 TB、4 TB、3 TB、2 TB、1 TB 及以下。

固态硬盘常规容量：2 TB 及以上、960 GB~1 TB、480~512 GB、240~256 GB、120~128 GB。

2）硬盘的转速

硬盘转速是衡量硬盘性能的重要指标之一，不同转速的硬盘有不同的特点和适用场景。在选择硬盘时，应根据自己的实际需求选择合适的硬盘转速，以达到最佳性价比。硬盘的常用转速有 5400 r/min、7200 r/min、10000 r/min 和 15000 r/min 等。以下将分别介绍这些不同转速的硬盘特点和适用场景。

（1）5400 r/min 硬盘。5400 r/min 是目前最为常见的硬盘转速之一。这类硬盘的特点是功耗低、散热好、噪声小、价格相对较低。因此，这类硬盘适用于一些日常应用，如文档处理、网页浏览、视频播放等。但是，由于转速较低，其读写速度相对较慢，不适用于大型游戏、视频编辑等高负载应用。

（2）7200 r/min 硬盘。7200 r/min 硬盘在读写速度和性价比方面相对较高。这类硬盘适用于一些需要高速读写的应用，如大型游戏、视频编辑等。但是，由于转速较高，其散热和噪声问题相对较为明显，因此需要更好的散热和降噪措施。

（3）10000 r/min 硬盘。10000 r/min 硬盘是一种较为高速的硬盘，读写速度相对较快，因此适用于一些需要高速读写的应用，如服务器、图形处理等。但是，由于转速较高，其功耗、散热和噪声问题较为突出，需要更好的散热和降噪措施。同时，其价格也相对较高。

（4）15000 r/min 硬盘。15000 r/min 硬盘是目前市面上转速最高的硬盘之一，其读写速度非常快，适用于一些高负载、高性能的应用，如超算、大型数据库等。由于转速极高，其功耗、散热和噪声问题更为严重，需要更好的散热和降噪措施。同时，其价格也相对较高，一般只适用于一些对性能要求非常高的专业领域。

3）硬盘的接口

（1）机械硬盘接口。

① SATA。SATA 接口的硬盘又叫串口硬盘。SATA 采用串行连接方式，串行 ATA（advanced technology attachment，高技术配置）总线使用嵌入式时钟信号，具备更强的纠错能力。

② SATA 2。SATA 2 的主要特征是外部传输速率比 SATA 更高，此外还包括 NCQ（native command queuing，原生命令队列）、端口多路器、交错启动等一系列的技术特征。

③ SATA 3。SATA 3 的正式名称为"SATA revision 3.0"，符合串行 ATA 国际组织（SATA-IO）在 2009 年 5 月份发布的新版规范。SATA 3 接口的传输速度达到 6 Gbps（bits-per-second，位每秒），同时向下兼容旧版规范 SATA 2.6（也就是现在俗称的 SATA 3Gbps），接口、数据线都没有变动。图 2-27 所示为 SATA 3 和 SATA 2 接口。

④ SAS。SAS（serial attached SCSI）即串行连接 SCSI（小型计算机系统接口），是新一代的 SCSI 技术，和现在流行的 SATA 硬盘相同，都是采用串行技术以获得更高的传输速度，并通过缩短连接线来改善内部空间等。SAS 是在并行 SCSI 接口之后开发出的全新接口。SAS 接口的设计是为了改善存储系统的效能、可用性和扩充性，并且提供了与 SATA 硬盘的兼容性。SAS 硬盘接口如图 2-28 所示。

图 2-27　SATA 2 和 SATA 3

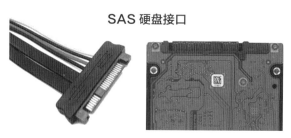

图 2-28　SAS 硬盘接口

（2）固态硬盘接口。

① PCI-e。PCI-e 接口分为两种类型：一种是 PCI-e 2.0，它的传输速度是 10 Gbps；另外一种是 PCI-e 3.0，传输速度达到 32 Gbps，在台式机、笔记本上都有应用。

② M.2。M.2 接口的兼容性最强，既兼容 PCI-e 的接口，也兼容 SATA 的接口，速度也有两种：10 Gbps 和 32 Gbps，是使用最广泛的一种固态硬盘接口。

③ U.2。U.2 是固态硬盘里传输速度最快的接口之一，可达到 32 Gbps，该接口的固态硬盘也是现在比较先进的一种固态硬盘，台式机或笔记本计算机里都会用到。

固态硬盘的三类接口如图 2-29 所示。

4）硬盘电源接口

硬盘背面靠近芯片一侧有硬盘的电源线接口和数据线接口。硬盘的电源线和数据线接口都是 L 形，通常长一点的是电源线接口，短一点的是数据线接口，如图 2-30 所示。数据线接口通过 SATA 数据线与主板 SATA 插槽连接。

图 2-29 固态硬盘三类接口

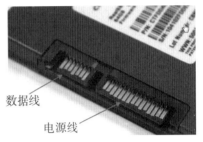

图 2-30 电源线接口与数据线接口

任务 2-6 了解电源

电源是为计算机提供动力的部件，它通常与机箱一同出售，也可以根据用户的需要单独购买。

1. 电源简介

计算机电源是一种安装在主机箱内的封闭式独立部件，它的作用是将交流电变换为 +5 V、-5 V、+12 V、-12 V、+3.3 V、-3.3 V 等不同电压，依靠稳定可靠的直流电供给主机箱内的系统板、各种适配器和扩展卡、硬盘驱动器、光盘驱动器等系统部件及键盘和鼠标使用。

1）电源的结构

电源是计算机的心脏，电源不仅直接影响着计算机的工作稳定程度，还与计算机使用寿命息息相关。图 2-31 所示为模组电源的外观结构。

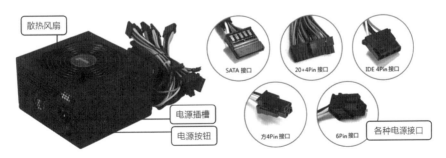

图 2-31 模组电源的外观结构

电源插槽：专用的电源线连接口，通常是一个 3 针的接口。电源线接入的交流插线板的接地插孔必须已经接地，否则计算机中的静电将不能有效释放，这可能导致计算机硬件被静电烧坏。

SATA 电源插头：为硬盘提供电能的通道。该电源插头比 D 形电源插头要窄一些，但安装起来更加方便。

24 针主板电源插头（20+4pin）：提供主板所需电能的通道。早期的主板电源插头是一个 20 针的插头，为了满足 PCI-e ×16 和 DDR2 内存等设备的电能消耗，目前主板电源插头都在原 20 针插头的基础上增加了一个 4 针的插头。

辅助电源插头：为 CPU 提供电能的通道，它有 4 针、6 针和 8 针等类型，可以为 CPU 和显卡等硬件提供辅助电源。

2）电源的分类

（1）非模组：直出电源，电源所有的线都是固定连接并无法拆卸的，安装容易，这种电源比较实惠，适合不在意外观追求性价比的玩家。

（2）全模组：电源的线材可以拆卸和定制，可以只插入需要的线材，便于机箱走线。一般电源的用料都比较好，所以价格较贵，适合有经验、有高要求的用户。全模组带显卡供电电源如图 2-32 所示。

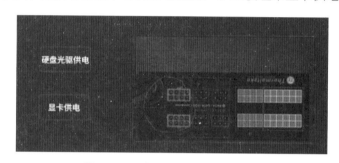

图 2-32　全模组带显卡供电电源

（3）半模组：除了主板 24pin 和 CPU 8pin 的两根线的供电和非模组一样，其他的扩展供电线路可以根据需要再连接，机箱走线也比较便捷，价格比全模组要实惠一些，适合有一定经验要求的用户。

电源还可以分为台式机电源、游戏机电源、小机箱电源、服务器电源等。

2. 电源的主流品牌

（1）航嘉（Huntkey）：国内电源品牌之一，其 WD650K 全模组金牌电源以其稳定的性能和良好的散热效果而备受欢迎。该品牌在市场上有着较高的知名度，其电源风扇采用先进的设计理念，通过散热片和散热风扇的组合，能够有效散热，保证计算机的稳定运行。此外，航嘉的电源还具有较好的兼容性和稳定性，能够满足用户对于高负载的需求。

（2）鑫谷（Segotep）：鑫谷的电源性价比高，质量可靠。它注重产品的稳定性和耐用性，提供了多种类型的电源选择，包括 ATX3.0、ATX5.0 等。鑫谷的电源通过了多项质量认证，如 CE 认证、UL 认证等。

还有长城机电、先马、华硕、安钛克、海韵、海盗船、振华、酷冷至尊、金河田、大水牛、艾湃电竞、全汉、aigo、TT、游戏悍将、台达科技、EVGA、技嘉、积至、微星等品牌。

3. 电源性能指标

1）风扇大小

电源的散热方式主要是风扇散热，风扇越大，散热效果越好。

2）额定功率

额定功率是指支持计算机正常工作的功率，是电源的输出功率，单位为 W。市场上的电源额定功率数值不等。如果计算机的配件比较多，则 300W 以上的电源才能满足需要。根据实际测试，当计算机进行不同操作时，其实际功率不同，电源额定功率越大则计算机运行越稳定。

"中关村在线"网站上列举的常见额定功率：300 W 及以下、301~350 W、351~400 W、401~450 W、451~500 W、501~600 W、601~800 W、800 W 以上。

3）电源的安规认证

安规认证包含产品安全认证、电磁兼容认证、环保认证、能源认证等各方面，是基于保护使用者与环境安全和质量的一种产品认证，能够反映电源产品的质量。安规认证包括 80PLUS、3C、CE 和 RoHS 等，通常会在电源铭牌上标注对应的标志。电源铭牌如图 2-33 所示。此处介绍 3C 和 80PLUS 两种认证。

（1）3C 认证的全称为"中国强制性产品认证"，英文缩写为 CCC（China compulsory certification）。它是中国政府为保护消费者人身安全和国家安全，加强产品质量管理，依照法律法规实施的一种产品合格评定制度。3C 认证标识如图 2-34 所示。

图 2-33　电源铭牌

图 2-34　3C 认证标识

（2）80PLUS 认证是为改善未来环境与节省能源而建立的一项严格的节能标准。通过 80PLUS 认证的产品，出厂后会带有 80PLUS 的认证标识。其认证按照 20%、50%、100% 这 3 种负载下的产品效率划分等级，要求在这些负载下转换效率均超过一定水准才能颁发认证，从低到高分为白牌、铜牌、银牌、金牌、白金牌和钛金牌 6 个认证标准，钛金牌等级最高，效率也最高。80PLUS 认证如图 2-35 所示。

负载率	白牌	铜牌	银牌	金牌	白金牌	钛金牌
20%	80%	82%	85%	87%	90%	92%
50%	80%	85%	88%	90%	92%	94%
100%	80%	82%	85%	87%	89%	90%

图 2-35　80PLUS 认证

拓展训练

训练要求

以组为单位了解核心硬件设备，掌握计算机性能测试方法，制作 PPT 并分组进行汇报。

训练思路

本实训内容主要包括下载"鲁大师"，以及对计算机性能进行测试。

训练提示

（1）安装"鲁大师"。
（2）安装好"鲁大师"后进行测试。

项目 3

认识计算机其他配件

项目导入 ▶

计算机中除了项目 2 讲到的核心配件外，还有一些其他配件，虽然不是计算机运行的必备装置，但在某些方面可以提升计算机的运行速度。本项目介绍这些"不太重要"的配件。

学习目标 ▶

知识目标

（1）了解计算机机箱的主流品牌。

（2）了解显卡的主流品牌。

（3）了解显示器的主流品牌。

（4）了解键盘的主流品牌。

（5）了解鼠标的主流品牌。

（6）了解品牌机、打印机、无线路由器的主流品牌

能力目标

（1）能够理解计算机机箱的主要技术参数。

（2）能够理解显卡的主要技术参数和结构。

（3）能够理解显示器的主要技术参数。

（4）能够理解键盘的主要技术参数。

（5）能够理解鼠标的主要技术参数。

（6）能够理解品牌机、打印机、无线路由器的主要技术参数和性能指标。

素养目标

（1）为"中国创造"而努力，成为培育世界级先进制造业集群的一份子。

（2）遵守规章制度，遵守国家法律法规，做一个守法的好公民。

任务 3-1　了解计算机机箱

机箱作为计算机配件的一部分，它的主要作用是放置和固定各种计算机配件，起到承托和保护的作用。此外，计算机机箱还具有屏蔽电磁辐射的重要功能。

虽然在 DIY 中机箱不是很重要的配置，但是使用质量不良的机箱容易让主板和机箱短路，使计算机系统变得很不稳定。

1. 机箱简介

机箱和电源通常是安装在一起出售的，但也可根据用户需要单独购买。

1）机箱的外观和内部结构

从外观上看，机箱一般为矩形框架结构，主要为主板、各种输入板卡或输出板卡、硬盘驱动器、光盘驱动器、电源等部件提供安装支架。一般包括外壳、支架、面板上的各种开关、指示灯等。图 3-1 所示为机箱的外观和内部结构。

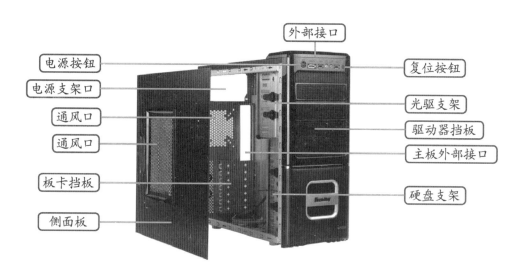

图 3-1　机箱的外观和内部结构

2）机箱的功能

机箱的主要功能就是为计算机的核心部件提供保护。如果没有机箱的保护，CPU、主板、内存和显卡等部件就会裸露在空气中，不仅安全得不到保证，空气中的灰尘还会影响计算机正常工作，这些部件甚至会氧化和损坏。

机箱的具体功能主要有以下 4 个方面。

（1）机箱面板上有许多指示灯，可方便用户观察系统的运行情况。

（2）机箱为 CPU、主板、显卡、存储设备及电源提供了放置空间，并通过支架和螺钉将这些部件固定，形成一个集装型的整体，便于保护机箱中的各个元器件。

（3）机箱坚实的外壳不但可以保护其中的元器件，还可以防压、防冲击和防尘，对使用者也可以起到防电磁干扰和防辐射的作用。

（4）机箱面板上的开机或关机按钮和重新启动按钮可使用户方便地控制计算机的启动和关闭。

3）机箱的样式

机箱的样式主要有立式和卧式两种。

（1）立式机箱。主流计算机的机箱外形大部分为立式，立式机箱的散热性比卧式机箱好。立式机箱没有高度限制，理论上可以安装更多的驱动器和硬盘，并且立式机箱可以使计算机内部设备的安装在位置上分布得更科学。

（2）卧式机箱。这种机箱外形小巧，整台计算机外观的一体感也比立式机箱强，占用空间相对较少。随着高清视频播放技术的发展，很多视频娱乐计算机都采用这种机箱。其外面板还具备视频播放功能，非常时尚美观。

4）机箱的结构类型

不同结构类型的机箱需要安装与之对应的结构类型的主板，机箱的结构类型主要有如下4种。

（1）ATX。在ATX结构中，主板安装在机箱的左上方，并且横向放置，而电源在机箱的右上方。前置面板上可安装存储设备，并且在后置面板上预留了各种外部端口的位置，这样可使机箱内的空间更加宽敞简洁，也有利于散热。ATX机箱中通常安装ATX主板。

（2）MATX。MATX是ATX结构的简化版。其主板尺寸和电源结构更小，生产成本也相对较低，最多支持4个扩充槽。MAXT机箱体积较小，扩展性有限，只适合对计算机性能要求不高的用户。MAXT机箱中通常只能安装MATX主板。

（3）ITX。ITX代表了计算机微型化的发展方向，这种结构的机箱相当于两块显卡的大小。出于外观精美的考虑，ITX机箱的外观样式并不完全相同，除了与对应主板的空间结构一样外，ITX机箱可以有多种形状。ITX机箱中通常安装Mini-ITX主板。

（4）RTX。RTX机箱主要通过主板倒置以配合电源下置和背部走线系统。这种机箱结构可以提高CPU和显卡的热效能，解决以往背线机箱需要超长线材电源的问题，使空间利用率更合理。

2.机箱的品牌

由于生产机箱的技术门槛较低，市场上机箱的品牌众多，其中多数为国产品牌。

1）机箱的主流品牌

（1）金河田：一家优秀的民营科技企业，专注于计算机机箱和多媒体设备的生产。其主要产品包括计算机机箱、开关电源、多媒体有源音箱、键盘、鼠标、耳麦等。金河田机箱的质量非常好，做工精细，散热性能优良。金河田机箱及标识如图3-2所示。

扫一扫

机箱列举样品

（2）先马：一家国内外著名的计算机外设生产品牌，专业生产机箱、电源、键盘、鼠标等计算机外设产品。它是一个针对计算机DIY爱好者设计的机箱、电源品牌。先马的产品质量好，性能稳定，散热效果好，噪声低。此外，先马还提供了2个风扇和3档调速，以满足不同用户的需求。先马机箱产品销量较高，主打普通家用和办公类机箱，适合对计算机硬件配置要求不高的用户选用。先马机箱及标识如图3-3所示。

图 3-2　金河田机箱及标识

图 3-3　先马机箱及标识

（3）乔思伯：一家专注生产高端机箱的品牌，其机箱产品基本全部使用简约风格的全铝外壳，价格较高，适合高端计算机的用户选用。乔思伯机箱及标识如图 3-4 所示。

（4）海盗船：一家美国品牌，其产品主要针对高端计算机的用户，产品中的内存、机箱、电源、外设、CPU 散热器等用户口碑较好。海盗船机箱如图 3-5 所示。

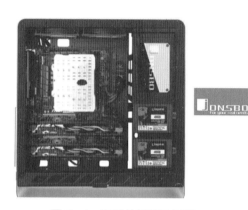

图 3-4　乔思伯机箱及标识

图 3-5　海盗船机箱

（5）爱国者：创立于北京中关村的高新技术企业，也是华旗资讯旗下的子品牌。爱国者机箱的性价比较高，质量不俗。爱国者机箱及标识如图 3-6 所示。

（6）大水牛：七喜控股股份有限公司旗下品牌。大水牛机箱主要以入门产品为主，其做工和用料俱佳，适合普通家用及办公。大水牛机箱及标识如图 3-7 所示。

图 3-6　爱国者机箱及标识

图 3-7　大水牛机箱及标识

（7）鑫谷：其机箱具有散热效果好、通风口多、透气坚固等特点。此外，鑫谷还是七彩虹集团旗下的专业电源供应商，致力于 DIY 计算机外设设备的研发与生产。鑫谷的机箱具有大面积透明、8 个风扇位、双 240 冷排位等优势，满足游戏用户的需求。鑫谷机箱及标识如图 3-8 所示。

图 3-8　鑫谷机箱及标识

2）其他品牌

（1）航嘉：其机箱质量好，用料扎实，做工精细，设计合理，散热效果出色，性价比高。航嘉机箱内部空间充裕，同时外观配色好看。

（2）华硕：全球最大的主板制造商之一，其机箱款式注重质量与创新，适合对机箱要求较高或追求高性能配置的朋友。华硕的机箱具有全塔侧透明玻璃、GPU 支架，还有电竞游戏机箱等，做工精良，能够提供良好的散热效果和扩展性。

（3）酷冷至尊（Cooler Master）：一家来自中国台湾的知名计算机硬件制造商，其在计算机散热器、机箱以及台式计算机电源领域享有盛誉。酷冷至尊机箱以其全模组化概念而闻名，鼓励玩家通过定制化制作出专属于自己的计算机。

（4）长城：一家集产品开发设计、生产制造、营销服务于一体的大型综合企业。长城机箱以其高品质、高性能和合理的价格受到广大消费者的青睐。长城机箱经过多年的发展，已经成为机箱领域的知名品牌之一。

3.机箱的基本属性

1）机箱的尺寸

机箱的尺寸是一个重要的性能指标。机箱的尺寸直接影响计算机硬件的安装和散热效果。一般来说，机箱的尺寸分为 ATX、MATX、MITX 等几种规格，用户可以根据自己的需求选择合适的尺寸。

2）机箱的散热性能

好的散热性能可以有效地保护计算机硬件，延长硬件的使用寿命。机箱的散热性能与机箱的风扇数量、风扇大小、散热孔的数量和大小等因素有关。

3）机箱的材质

机箱的材质直接影响机箱的质量和散热性能。常见的机箱材质有钢板、铝合金、塑料等，用户可以根据自己的需求选择合适的材质。

4）机箱的降噪性能

好的降噪性能可以有效地减少计算机工作时的噪声，优化用户的使用体验。机箱的降噪性能与机箱的材质、风扇的噪声等因素有关。

任务 3-2　了解显卡

显卡一般是一块独立的电路板，插在主板上，接收由主机发出的控制显示系统工作的指令和显示内容的数字信号，然后通过输出模拟信号或数字信号来控制显示器显示各种字符和图形。显卡和显示器一起组成了计算机系统的图像显示系统。

1. 显卡简介

显卡也就是常说的图形加速卡，它的基本作用是控制计算机的图形输出。显卡工作在 CPU 和显示器之间，起着"中间人"的作用。显卡根据 CPU 传来的数据，控制显示器上的每一个点的亮度和颜色，使显示器可以描绘出高质量的图像。显卡使得 CPU 可以空闲出更多的时间来处理其他数据，达到加速的效果。显卡是插在主板上的扩展槽里的，一般是 PCI-e 插槽，此前还有 AGP、PCI、ISA 等插槽。

1）显卡的工作原理

显卡主要负责把主机向显示器发出的显示信号转换为一般电气信号，使显示器能明白主机让它做什么。

2）显卡的分类

显卡经过多年的发展，可以分为以下 3 种类型。

（1）集成显卡（主板集成）。集成显卡是将显卡芯片、显存及其相关电路都集成在主板上，与主板融为一体的元件。集成显卡的显卡芯片也有单独的，但大部分都集成在主板的北桥芯片中。一些主板集成的显卡也在主板上单独安装了显存，但是其容量较小。集成显卡的显示效果与处理性能相对较弱，不能对显卡进行硬件升级，但可以通过 CMOS（complementary metal-oxide-semiconductor，互补金属氧化物半导体）调节频率或刷入新 BIOS 文件来实现软件升级，挖掘显卡芯片的潜能。

集成显卡的优点是功耗低、发热量小，部分集成显卡的性能已经可以媲美入门级的独立显卡。

集成显卡的缺点是性能相对略低，且固化在主板或 CPU 上，本身无法更换，如果必须更换，就只能更换主板。

（2）独立显卡。独立显卡是指将显卡芯片、显存及其相关电路单独做在一块电路板上，自成一体。而作为一块独立的板卡，它需要占用主板的扩展插槽（ISA、PCI、AGP 或 PCI-e）。

独立显卡的优点是单独安装有显存，一般不占用系统内存，在技术上也较集成显卡先进得多，性能优于集成显卡，且容易进行显卡的硬件升级。

独立显卡的缺点是功耗较大，发热量也较大，需额外花费资金购买显卡，同时（特别是对笔记本计算机）也会占用更多空间。独立显卡实际分为两类，一类是专门为游戏设计的娱乐显卡，另一类则是用于绘图和 3D 渲染的专业显卡。

（3）核芯显卡。核芯显卡是 Intel 产品新一代图形处理核心，同以往的显卡设计不同，Intel 凭借其在处理器制程上的先进工艺以及新的架构设计，将图形核心与处理核心整合在同一块基板上，构成一个完整的处理器，即核芯显卡。智能处理器架构这种设计上的整合大大缩减了处理核心、图形核心、内存及内存控制器间的数据周转时间，有效提升了处理效能并大幅降低了芯片组的整体功耗，有助于缩小核心组件的尺寸，为笔记本、一体机等产品的设计提供了更大的选择空间。

注意： 核芯显卡和传统意义上的集成显卡并不相同。笔记本计算机采用的图形解决方案主要有"独立"和"集成"两种，前者拥有单独的图形核心和独立的显存，能够满足复杂庞大的图形处理需求，并提供高效的视频编码应用；后者则将图形核心以单独芯片的方式集成在主板上，并且动态共享部分系统内存作为显存使用，因此能够提供简单的图形处理能力以及较为流畅的视频编码应用。

2. 显卡的主流品牌

（1）七彩虹：集产品研发、生产、销售为一体的知名 DIY 硬件制造品牌。七彩虹主打计算机显卡、主板、机箱及其他数码产品，致力于推广自有显卡及主板，并拓展 DIY 外设设备机箱、电源、键盘与鼠标等产品线，继而成功建立起自主品牌七彩虹消费类电子产品线，完成从 OEM（原厂委托制造）到 ODM（原厂委托设计）的转型。

（2）影驰：香港地区公司嘉威科技的系列品牌之一。影驰是行业内优质显卡的制造商，专注于计算机硬件的生产和销售，涵盖 DIY 配件、SSD、内存、电源等产品。

（3）索泰：栢能科技集团旗下品牌。索泰的产品包括显卡、主板、微型娱乐平台等，主营中高端显卡产品。索泰致力于制造最具个性、最新的科技产品。

（4）微星：游戏及电竞领域的标杆，是游戏及电竞行业值得信赖的品牌，因为坚持突破设计限制、追求效能、融入创新科技的理念而屹立。微星把用户想要的极致效能、逼真视觉、高传真音效、精准操控及流畅直播等电竞功能整合在一起，省去了用户自行摸索及调校的烦琐，并将系统效能提升。微星产品线覆盖了主板、显卡、显示器、键盘、鼠标、机箱、游戏耳机等。

（5）耕升：同德股份有限公司旗下的全资显卡品牌。耕升多年来一贯秉持"品质高于一切"的经营理念，力求每一款贴有"耕升"标志的产品可以成为众多消费者心目中的优秀选择，"制造以顾客需求为导向的附加值产品"是耕升的指导原则。

（6）华硕：其产品线完整，覆盖笔记本计算机、主板、显卡、服务器、光存储、有线 / 无线网络通信产品、LCD、掌上计算机、智能手机等全线 3C（计算机类、通信类、消费类电子产品三者的统称）产品。其中显卡、主板及笔记本计算机三大产品已经成为华硕的主要竞争力。

3. 显卡的基本结构

显卡的基本结构如图 3-9 所示。

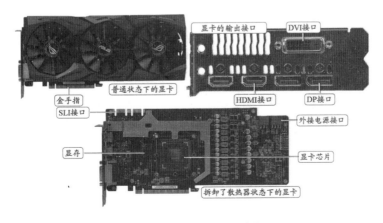

图 3-9 显卡的基本结构

1）显卡芯片

显卡芯片是显卡的"心脏"，决定着显卡的性能，同时也是 2D 显卡和 3D 显卡区分的依据。显卡芯片相当于显卡中的 CPU，其上有商标、生产日期、编号和厂商名称等信息。

2）显存

显存用于存放显卡芯片处理后的数据，其容量与存取速度将直接影响显示的分辨率及其色彩位数，容量越大，所能显示的分辨率及其色彩位数越高。图形核心的性能越强，需要的显存也就越多。现在的显卡采用了性能出色的 GDDR4 或 GDDR5 显存。

3）显卡总线接口

与主板连接的接口主要是 PCI-e。显卡总线接口如图 3-10 所示。

图 3-10　显卡总线接口

4）显卡的输出接口

显卡的输出接口主要用于连接显示器，以将计算机内处理好的数据显示出来。其主要的接口有 D-SUB、DVI、HDMI、DisplayPort（DP）等。显卡的输出接口如图 3-11 所示。

D-SUB 接口：也称 VGA 接口。从外观上看，D-SUB 接口"上宽下窄"，看起来像倒写的"D"，所以这种接口也俗称"D 型头"，便于安装，不会将插头插反。

DVI 接口：与 D-SUB 接口共存于现在的市场中。

HDMI 接口：HDMI 接口采用数字化视频 / 音频接口技术，是影像传输的专用型数字化接口，其可同时传送音频和视频信号。

DisplayPort 接口：简称 DP 接口，是一种高清数字显示接口，它是免费使用的，不像 HDMI 接口那样需要高额授权费。

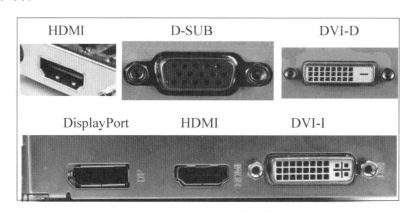

图 3-11　显卡的输出接口

4. 显卡的基本属性

1）显卡的芯片厂商及芯片型号

主流的显卡芯片市场基本上被英伟达（NVIDIA）和超威（AMD）占据。

（1）NVIDIA。英伟达于 1993 年创立，以半导体技术服务为主体，总部设在美国。NVIDIA 的主要产品线包括为游戏而设计的 GeForce 系列显卡、为专业工作站而设计的 Quadro 系列显卡，以及用于计算机主板的 nForce 芯片组系列。其手持式设备方面拥有 Tegra 产品线。NVIDIA 的显卡常简称为"N 卡"。

NVIDIA 显卡的主要产品型号：

RTX 40 系列、RTX 30 系列、RTX 20 系列、GTX 16 系列等。

（2）AMD。AMD 是来自美国的超微半导体品牌。AMD 专门为计算机、通信和消费电子行业设计并制造各种创新的微处理器，包括 CPU、GPU、APU（加速处理器）、主板芯片组、电视卡芯片等，以及提供闪存和低功率处理器的解决方案。AMD 的显卡常简称为"A 卡"。

AMD 显卡的主要产品型号：

RX6950XT、RX6900XT、RX6800XT、RXVega64、RadeonVII、R9FURYX、RX590、RX580 等。

拓展延伸

显卡型号如何看

（1）"N 卡"的品牌型号"RTX3060Ti"。

"RTX"代表支持光线追踪；"GTX"代表不支持光线追踪，属于老旧型号；"GT"为超低端级，性能很低。

"30"代表 30 系显卡，还有 40 系、20 系、10 系，数字越小表示显卡越旧。

"60"代表性能，1~4 为低端，5~6 为中端，7~9 为高端。

"Ti"代表加强版，同型号产品带 Ti 的比不带 Ti 的性能更强。

（2）"A 卡"的品牌型号"RX 580"。

"RX"是前缀，最新一代已经不论级别，统一标注为"RX"。上一代有 R9（高端）、R7（中端）和 R5（入门）的区别。

"5"表示"500"系列，数字越大性能越好。

"8"表示级别，也是数字越大性能越好。

"0"无意义。

如果有后缀字母，如 XT、X 等，则表示拥有更高的性能。

（3）显卡等级划分如下。

最高端显卡：2022 年至今，目前最高端显卡为"N 卡"的 40 系列显卡。

主流显卡：大多数用户的主流显卡仍以"N 卡"的 10 系列、20 系列、30 系列显卡为主。

中端显卡："A 卡" 9 代显卡及"N 卡"的 10 系列显卡。

低端显卡："A 卡" 7 代及以下显卡。

2）显存类型

显存类型即显卡存储器采用的存储技术类型，市场上主要的显存类型有 GDDR6X、GDDR6、

GDDR5X、GDDR5、GDDR3、HBM2、HBM 几种，但主流的显卡大都采用 GDDR5，也有一些中高端显卡采用的是 GDDR6，与 GDDR5 相比，GDDR6 类型的显卡拥有更高的频率，性能也更加强大。

3）显存容量

显示存储器的主要功能就是暂时存储显卡芯片处理过或即将提取的渲染数据，类似于主板的内存，是衡量显卡主要性能的指标之一。

显存与系统内存一样，其容量也是越大越好。显存越大，可以存储的图像数据也就越多，支持的分辨率与颜色数也就越高，游戏运行起来就更加流畅。

主流显卡基本上配备的是 6 GB 的显存容量，一些中高端显卡则配备了 8 GB 的显存容量。

4）显存位宽

显存位宽指的是一次可以读入的数据量，即表示显存与显卡芯片之间交换数据的速度。位宽越大，显存与显卡芯片之间的数据交换就越顺畅。例如，某个显卡的规格是 4 GB 128 bit，其中 128 bit 指的就是这块显卡的显存位宽。市面上出现的显存位宽主要有 512 bit、384 bit、256 bit、192 bit、128 bit 和 64 bit 这几种。

任务 3-3　了解显示器

显示器即计算机屏幕，又称视觉显示器。显示器接收计算机的信号并形成图像，作用方式如同电视接收机。

1. 显示器简介

显示器是计算机的 I/O 设备，即输入 / 输出设备。显示器是一种将一定的电子文件通过特定的传输设备显示到屏幕上的显示工具。

按工作原理分类，显示器可以分为阴极射线管（CRT）显示器、液晶显示器（LCD）、等离子体显示器（PDP）、真空荧光显示器（VFD）等。现在最为常见的是 LCD。

按功能分类，显示器可以分为 4K 显示器、广角显示器、护眼显示器等。

1）4K 显示器

4K 显示器是指具备 4K 分辨率的显示器设备。4K 的名称来源于显示器的横向解析度约为 4000 像素。4K 显示器的分辨率有 3840×2160 像素和 4096×2160 像素两种超高分辨率规格。相比主流的 1080P 全高清分辨率，4K 显示器增加了数百万个像素点，画面的精细程度及显示品质有了质的飞跃。受成本及应用环境等因素制约，4K 显示器的普及度并不高。这里的成本主要是面板的成本，在同样尺寸的液晶面板上增加像素点，就意味着坏点产生概率增加。同时，超高的分辨率对显卡提出了更高的要求，如果在 4K 分辨率下开启娱乐应用，还需要购置高端显卡，这无疑增加了用户的负担。

2）广角显示器

广角显示器指的是从多角度看显示器而不变色的显示器。普通的 TN（扭曲向列型）面板显示器在偏转一定角度后，会出现偏色的现象，其可视角度一般在 140~160 度，而广角面板的显示器的可视角度可达 178 度以上。

3）护眼显示器

护眼显示器是显示器市场新推出的一种有不闪屏功能的产品。不闪屏分为"真不闪"和"假不闪"，真不闪指的是采用 DC 调光的不闪屏（硬件实现）；假不闪指的是采用 PMW 调光的不闪屏（软件实现，但依然伤害眼睛）。

2. 显示器的主流品牌

在现今的电子市场中，显示器品牌众多，不同品牌的显示器各有特点。显示器的主流品牌介绍如下。

显示器列举样品

（1）AOC：该品牌来自中国台湾地区，主要生产显示器、电视、计算机周边等产品。AOC 的显示器以高性价比、高分辨率、高刷新率、防蓝光等特点著称。

（2）飞利浦：一家荷兰电子制造商。飞利浦的显示器以高端品质、电竞特性、旋转升降等特点而备受关注。

（3）HKC：一家中国电子制造商，总部位于深圳。HKC 显示器是一款性价比较高的产品，它的性能和品质备受用户认可。HKC 显示器在图像显示和色彩还原方面表现出色，能够提供清晰、逼真的视觉体验。其高分辨率和广色域技术使图片和视频展示得更加细腻和生动。

（4）戴尔（DELL）：一家美国电子制造商，总部位于得克萨斯州。戴尔显示器以高品质、防蓝光、反向充电等特点而备受关注。

（5）三星：一家韩国电子制造商，总部位于首尔。三星显示器以高档品质、曲面设计、Mini LED 等特点而备受关注。

（6）优派（ViewSonic）：一家美国电子制造商，总部位于加利福尼亚州。优派显示器以高品质、原厂背光、TUV 爱眼、滤蓝光等特点而备受关注。

（7）小米（MI）：一家中国电子制造商，总部位于北京。小米显示器以高性价比、外观精美、反向充电等特点而备受关注。

（8）华硕：一家中国台湾地区的电子制造商。华硕显示器以高端游戏特性、高刷新率、G-Sync 技术等特点而备受关注。

（9）泰坦军团（TITAN ARMY）：一家中国电子制造商，专注于电竞显示器的研发和生产。泰坦军团显示器以高性价比、广色域、A-Sync 技术等特点而备受关注。

3. 显示器的性能指标

主要有以下几点指标决定显示器的性能是否优越。

1）屏幕尺寸

显示器的屏幕尺寸指的是显示器的对角线尺寸。计算机显示器尺寸一般有 30 英寸以上、27~30 英寸、23~26 英寸、20~22 英寸、20 英寸以下等几个范围。

注意：1 英寸 =2.54 厘米，因实际生活中对显示器屏幕尺寸的度量多以英寸为单位，为避免与实际脱节，本书使用英寸对显示器屏幕尺寸进行描述。

2）面板类型

市面上的显示器面板主要有 TN 面板、IPS 面板和 VA 面板三种。

（1）TN 面板：刷新率高，响应时间快。其缺点在于色彩深度低，色彩表现能力差。

（2）IPS 面板：色彩还原度较高，色彩表现能力强。其可视角度最广（一般为 178 度），在任何角度观看画面时，画面颜色的质量都没有下降。

（3）VA 面板：品质和色彩表现力介于 TN 面板和 IPS 面板之间。其缺点是刷新率低，响应速度慢。

3）显示器接口

与显示器相连的接口主要有 HDMI、DisplayPort、D-SUB（VGA）、DVI 等。

任务 3-4 了解键盘

1. 键盘简介

键盘是最常用、最主要的一类输入设备，通过键盘可以将英文字母、汉字、数字、标点符号等输入到计算机中，从而向计算机发送命令、输入数据等。随着时间的推移，键盘在市场上出现了独立的、具有各种快捷功能的单独出售的产品，并带有专用的驱动和设定软件，在兼容机上也能实现个性化操作。

1）键盘的种类

键盘可以根据应用、按键数量、工作原理等不同方式分类。

按照应用，键盘可以分为台式机键盘、笔记本计算机键盘、手机键盘、工控机键盘、速录机键盘、双控键盘、超薄键盘 7 大类。

按照按键数量可以将其分为 104 键、107 键、108 键等。标准键盘为 104 键。

按照工作原理可以将其分为机械键盘、塑料薄膜式键盘、导电橡胶式键盘、无接点静电电容键盘。

（1）机械键盘。其采用类似金属接触式开关，工作原理是使触点导通或断开，具有工艺简单、噪声大、易维护、打字时节奏感强、长期使用手感不会改变等特点。

（2）塑料薄膜式键盘。其键盘内部共分四层，实现了无机械磨损。这种键盘的特点是低价格、低噪声和低成本，但是长期使用后，由于材质问题，其手感会发生变化。这种键盘现已占据绝大部分市场份额。

（3）导电橡胶式键盘。其键盘内部有一层凸起带电的导电橡胶，每个按键都对应一个凸起，按下时下面的触点接通。触点的结构通过导电橡胶相连。导电橡胶式键盘是市场由机械键盘向塑料薄膜式键盘过渡的产品。

（4）无接点静电电容键盘。其采用类似电容式开关的原理，通过按键改变电极间的距离引起电容容量改变从而驱动编码器。这种键盘的特点是无磨损且密封性较好。

2）键盘的接口类型

键盘的接口类型主要有 PS/2、USB 和 USB+PS/2 双接口 3 种类型，其连接方式都是有线连接。

2. 键盘的主流品牌

扫一扫

键盘的列举样品

键盘的主流品牌介绍如下。

（1）罗技（Logitech）：从 OEM、ODM 贴牌生产鼠标起步的一家瑞士公司，如今已成为全球著名的计算机周边设备供应商。罗技键盘以高品质、可靠性和舒适的打字体验而闻名。罗技键盘采用先进的技术和创新的设计，为用户提供各种类型和功能的键盘选择。无论是日常办公还是游戏娱乐，罗技的键盘都能满足用户的需求。

（2）达尔优（Dareu）：达尔优始终坚持品质至上的原则，精益求精，不断打造优秀产品、满足用户需求的同时，坚持提升产品性能及技术含量。

（3）雷柏（Rapoo）：知名无线外设品牌，致力于向全球 PC 使用者提供高性能、高品质的计算机外设产品。雷柏键盘采用多种键盘技术，包括塑料薄膜式键盘和机械键盘，以满足不同用户的需求。其产品设计简洁，操作方便，适用于各种场景。

（4）雷蛇（Razer）：其产品以高端的性能，出色的人体工学，始终忠于游戏玩家的设计理念，在中国电子竞技游戏玩家中享有很高的声誉。雷蛇的产品一直以高稳定性、高性能在计算机外接设备专业制造界处于领先地位。雷蛇不断地在产品上应用酷炫的 LED 灯光和领先于同行的技术，以其产品的精确度、灵敏度、可用性和设计的独创性在全球范围内获得高度评价，并获得了众多世界大奖。

（5）樱桃（Cherry）：一家德国公司，主要从事生产计算机周边键盘以及 Switch 机械轴。Cherry 以机械键盘而闻名。Cherry MX 机械轴被认为是最经典的机械键盘开关之一，特殊的手感和黄金触点使其品质倍增，而 Cherry MX 系列的机械轴在键盘上的应用主要有 4 种，通过轴帽颜色可以辨别，分别是青、茶、黑、白，手感相差很大，可以满足不同用户的各种需求。

（6）艾石头（IROK）：一家中国的电子设备品牌，致力于为用户提供高品质的计算机周边设备。艾石头的键盘采用多种技术，包括塑料薄膜式键盘和机械键盘，以满足用户的不同需求。艾石头的键盘还具有人性化的功能和独特的外观设计，以满足用户的个性化需求。艾石头凭借其优秀的性能和质量，在键盘市场上获得了良好的口碑。

（7）双飞燕（A4tech）：一家著名的计算机周边设备品牌，提供各种类型的键盘产品。双飞燕的键盘以其出色的性能和对用户友好的设计，赢得了广大用户的青睐。

3. 键盘的性能指标

1）键盘的连接方式

键盘的连接方式主要有有线和无线两种。其中，无线又可分为红外、蓝牙、无线电等。

2）键盘的有线接口

键盘的有线接口分为 USB 接口、PS/2 接口。

3）键盘的按键行程

按键行程是指按下一个键到其恢复正常状态的时间。如果敲击键盘时感觉按键上下起伏比较明显，就说明它的按键行程较长。按键行程的长短关系到键盘的使用手感，按键行程较长的键盘会让人感到弹性十足，但比较费劲；按键行程适中的键盘，会让人感到柔软舒服；按键行程较短的键盘，长时间使用会让人感到疲惫。

4）键盘的按键技术

按键技术是指键盘按键采用的工作方式，目前主要有机械轴、X 架构和火山口架构 3 种。

机械轴是指键盘的每一个按键都由一个单独的开关来控制闭合，这个开关就是"轴"，使用机械轴的键盘也被称为机械键盘。

X 架构又叫剪刀脚架构，它使用平行四连杆机构代替开关，在很大程度上保证了键盘敲击力道的一致性，使作用力平均分布在键帽的各个部分，敲击力道小而均衡，噪声小，手感好，价格稍高。

火山口架构主要由卡位来实现开关的功能，2 个卡位的键盘相对便宜且设计简单，但容易造成掉键和卡键问题；4 个卡位的键盘比 2 个卡位的键盘有着更好的稳定性，不容易出现掉键问题，但成本略高。

5）键盘的按键寿命

按键寿命是指键盘的按键可以敲击的次数，普通键盘的按键寿命在 1000 万次以上。按键的力度大，频率快，会使按键寿命减少。

任务3-5 **了解鼠标**

鼠标是计算机的一种外接输入设备，也是计算机显示系统纵横坐标定位的指示器，因形似老鼠而得名。其标准称呼应该是"鼠标器"，英文名为"Mouse"。鼠标的使用是为了使计算机的操作更加简便快捷，以代替键盘烦琐的指令。

1. 鼠标简介

鼠标是一种很常用的计算机输入设备，它可以对当前屏幕上的游标进行定位，并通过按键和滚轮装置对游标所经过位置的屏幕元素进行操作。

2. 鼠标的分类

（1）鼠标按其工作原理的不同可以分为机械鼠标和光电鼠标。机械鼠标主要由滚球、滚柱和光栅信号传感器组成。当拖动鼠标时，带动滚球转动，滚球又带动滚柱转动，装在滚柱端部的光栅信号传感器采集光栅信号；光电鼠标是通过传感器产生的光电脉冲信号反映出鼠标器在垂直和水平方向的位移变化，再通过计算机程序的处理和转换来控制屏幕上光标箭头的移动。

（2）鼠标按照连接方式可以分为有线鼠标和无线鼠标。有线鼠标按接口类型可以分为PS/2接口鼠标和USB接口鼠标；无线鼠标按无线方式可分为蓝牙鼠标和2.4G无线鼠标。

2.4G无线鼠标接收信号的距离在7~15 m，信号比较稳定，市场主流的鼠标就是这种无线鼠标。

蓝牙鼠标发射频率和2.4G无线鼠标一样，接收信号的距离也一样，可以说蓝牙鼠标是2.4G无线鼠标的一个特例。蓝牙鼠标有一个明显的特点就是通用性，全世界所有的蓝牙鼠标不分品牌和频率，都是通用的，反映在实际中的好处就是如果用户的计算机有蓝牙功能，那么不需要蓝牙适配器就可以直接连接，可以节约一个USB插口。而普通的2.4G无线鼠标则必须有一个专业配套的接收器插在计算机上才能接收信号。

3. 鼠标的主流品牌

市场上的鼠标主要有罗技、雷蛇、雷柏、华硕、达尔优、联想、宏碁、小米、英菲克、双飞燕、惠普、外星人、戴尔、雷神等诸多品牌，大部分鼠标品牌与键盘品牌一致，在此不做过多介绍。

4. 鼠标的性能指标

1）鼠标大小

鼠标根据其长度可以分为大鼠标（大于等于120 mm）、普通鼠标（100~120 mm）和小鼠标（小于等于100 mm）三种类型。

2）适用类型

根据不同类型的用户划分鼠标的适用类型，如经济适用、移动便携、商务舒适、游戏竞技和个性时尚等。

3）按键数

鼠标的按键数已经从原来的两键、三键发展到了四键、八键及更多的按键。一般来说，按键数越多，鼠标价格越高。

任务 3-6　了解品牌机

品牌机就是一个有明确品牌标志的计算机，它是组装起来的计算机，并且是须经过兼容性测试才能正式对外出售的整套的计算机。它有质量保证以及完整的售后服务。

1. 品牌机简介

随着科技的发展和人们生活水平的提高，一些商家将计算机的用途和使用人群的需求进行了细致的整理和分析，并对产品进行了层层细化。但相对于组装机，品牌机依然不被大家熟悉。在此对品牌机做介绍，加深读者对品牌机的了解。

1）品牌机的分类

家用机：以游戏为主，突出游戏性能，且追求个性化外观。

商用机：以办公为主，一般多选用 Intel 产品，注重硬件稳定。

服务器：可以长年不停地工作（除了维护外），对硬件要求非常高，一般采用服务器专用配置。

2）品牌机的售后

品牌机售后的有效保修多数分为两大类，主板、CPU、硬盘、内存、电源保修 3 年，其他是 1 年。

3）品牌机的优点

（1）监督检测严格，质量可靠。品牌机在出厂前会测试，可以保证产品的稳定性，符合安全标准。

（2）潜在价值高，物有所值。品牌机具有不少潜在的价值，如正版操作系统，同时附带各种各样的工具软件，方便大家学习、工作。

4）品牌机的缺点

品牌机价格相对较高，硬件配置也不够好，配件之间搭配也不够灵活（不能随意更换配件），显卡与 CPU 在配置级别上不匹配等都是品牌机的不足之处。

2. 品牌机的主流品牌

扫一扫

品牌机列举样品

（1）联想：该公司为用户提供安全及高品质的产品组合和服务，包括个人计算机（经典的 Think 品牌和多模式的 YOGA 品牌）、工作站、服务器、智能电视、智能手机、平板计算机和应用软件等一系列移动互联产品。

（2）戴尔：以生产、设计、销售家用和办公室计算机而闻名，不过它同时也涉足高端计算机市场，生产与销售服务器、数据存储设备、网络设备等。

（3）惠普（HP）：一家全球性的信息科技公司，专注于打印机、数码影像、软件、计算机与信息服务等业务。惠普是世界最大的信息科技（IT）公司之一，成立于 1939 年，总部位于美国加利福尼亚州。惠普下设三大业务集团：信息产品集团、打印及成像系统集团和企业计算及专业服务集团。

（4）苹果（Apple）：Mac 是 Apple 公司以"Macintosh"开始的个人消费型计算机，如 iMac、Mac mini、MacBook Air、MacBook Pro、Mac Pro 等，使用独立的 macOS 系统。新的 OS X 系列基于 NeXT 系统开发，不支持兼容。OS X 是一套完备而独立的生态系统。

（5）华硕：全球三大消费型笔记本计算机品牌之一。

（6）外星人：国际知名游戏笔记本品牌，是业界高端、高品质的品牌。2006 年外星人被戴尔收购，作为戴尔子品牌继续运作。戴尔外星人计算机凭借其高性能、高颜值和高配置等特点，成为电竞玩家和科技爱好者的优选品牌。

（7）宏碁（Acer）：一家国际化的自有品牌公司，主要从事智能手机、平板计算机、个人计算机、显示产品与服务器的研发、设计、销售及服务，也结合物联网积极发展云端技术与解决方案，是一个整合软件、硬件与服务的企业。

任务 3-7　了解打印机

1. 打印机简介

打印机是常用的办公设备，主要的功能是将计算机处理的文字和图像结果输出到其他介质中。打印机（printer）是计算机的输出设备之一。衡量打印机好坏的指标有三项：打印分辨率、打印速度和噪声。

打印机的种类有很多，但常用的主要有以下三种。

（1）针式打印机。针式打印机由于采用的是机械击打式的打印头，因此穿透力很强，能打印多层复写纸，具备拷贝功能，还能打印不限长度的连续纸。它使用的耗材是色带，是三种打印机中价格最低的一种。其缺点是体积和重量都比较大，打印噪声大、精度低、速度慢，一般无打印彩色图像功能。该种打印机适合有专门要求的专业应用场合，如财务、税务、金融机构等。针式打印机如图 3-12 所示。

（2）喷墨打印机。喷墨打印机的打印精度高，通常都能打印彩色图像，而且体积及重量都可以做得非常小巧，甚至能随身携带，打印时的噪声也很小。但它使用的耗材是墨水，是三种打印机中相对来说耗材最为昂贵的。而且，如果想要打印精美的图像，还要使用同样昂贵的专用打印纸才能有很好的打印效果。因此喷墨打印机的使用成本高。同时它也不具备拷贝和打印连续纸的功能。这种打印机适合对打印质量要求高但数量较小的场合，如家庭、小型办公室等。喷墨打印机如图 3-13 所示。

（3）激光打印机。激光打印机的打印精度也很高，基本上与喷墨打印机无太大区别。它使用的耗材是硒鼓，其成本介于针式打印机和喷墨打印机之间。它同样也能打印彩色图像，且对打印介质的要求没有喷墨打印机那么高。它打印的速度是三种打印机中最快的，而且噪声也很小。但其体积和重量相对喷墨打印机要大，也只能逐页打印，无拷贝和打印连续纸的功能，适合打印数量大、任务重的场合，如大型商务机构或设计、印刷领域等。激光打印机如图 3-14 所示。

图 3-12　针式打印机

图 3-13　喷墨打印机

图 3-14　激光打印机

2. 打印机的主流品牌

（1）佳能（Canon）：一家以光学技术为核心的公司。佳能的产品涵盖照相机、镜头、数码相机、打印机、望远镜等。佳能产品种类丰富，质量可靠。佳能打印机的打印速度快，墨粉耐用易更换。此外，佳能打印机的无线连接功能非常便捷，功能完备，适合办公使用。

扫一扫

打印机列举样品

（2）爱普生（EPSON）：一体机知名品牌，1942 年创立于日本，主产喷墨打印机、激光打印机、点阵式打印机、扫描器和手表等智能设备产品的大型企业。

（3）富士通（Fujitsu）：富士通是一个著名的打印机品牌，也是全球知名的办公和印刷设备、系统供应商。富士通提供各种类型的打印机，包括复印机、多功能一体机等。作为世界 500 强企业，富士通在数字和信息技术产品生产中占据重要地位。富士通打印机知名度高，质量可靠。

（4）兄弟（Brother）：一个拥有 100 多年历史的国际化品牌，在全球设有生产基地和销售公司。兄弟打印机具有无线连接、操作简便、功能完备等特点，是一款优秀的办公工具。

3. 打印机的性能指标

1）打印速度

打印速度指的是打印机每分钟能够输出的页数，单位是 ppm（pages per minute）。目前，激光打印机和喷墨打印机在打印速度上已经没有太大差别，无论是黑白模式还是彩色模式，A4 幅面打印速度都在 14~30 ppm。

2）打印分辨率

打印分辨率指的是每英寸横向与纵向最多输出的点数，单位是 dpi（dot per inch）。喷墨打印机的打印分辨率远高于激光打印机，通常能达到 9600×2400 dpi，而激光打印机则能达到 1200×1200 dpi。不过，对于打印一般文档，600 dpi 的分辨率已经符合高质量的打印要求。

3）接口类型

打印机的接口类型指的是打印机与计算机相连的接口类型。市场上常见的接口类型主要有 USB 接口、网络接口和并行接口（并口）。

4）打印机内存

打印机内存的大小决定了每次暂存打印数据的多少，对打印速度有重要影响。特别是在网络打印、多任务打印和文档体积较大时，更能体现打印机内存的作用。面向家庭和办公用户的打印机内存标配为 2 MB、8 MB 和 16 MB，中端产品内存标配为 96 MB、128 MB 和 256 MB，而生成型海量工作站内存标配为 512 MB，可扩展至 1 GB。

5）打印机耗材

打印机耗材的成本投入也是用户不得不考虑的事情，市场上销售的打印机耗材可以为两大类，即原装耗材和通用耗材。

原装耗材指的是生产打印机的厂商自己生产的耗材。这种类型的耗材在生产前由于要与匹配的打印机进行相关测试，无形中增加了生产成本，因此产品销售价格较高，但是原装耗材的产品质量值得信赖，且种类齐全，依然有巨大的消费群体。

通用耗材的厂商自身并不生产打印机，由于缺少相应的测试环节，因此销售价格较低。

打印机的耗材具体有如下几种。

（1）墨盒。墨盒（墨水）是喷墨打印机的常用耗材，从结构上可以分为一体式墨盒和分体式墨盒。一体式墨盒指的是墨盒与打印头合为一体，无论是墨水用尽还是打印头损坏都要更换墨盒；分体式墨盒指的是墨水盒与打印头分离，各种颜色独立包装，用完一色换一色，让每个墨盒中的墨水都能有效利用，大多数喷墨打印机都采用这种结构。

（2）硒鼓。硒鼓也称感光鼓。硒鼓型号就是指该款打印机可以使用的硒鼓型号。一般情况下，打印机都会使用厂商推荐的与打印机相匹配的硒鼓型号，不同的型号除非二次填充利用，否则无法使用。

（3）色带。色带是针式打印机的常用耗材，它是以尼龙丝为原料编织而成的带子，并经过油墨浸泡染色。一般长度在 14 m 左右的色带能打印 400 万字符，可以有效降低打印成本。

（4）打印介质。打印介质主要指的是打印所使用的纸张。市场上纸张品种很多，常见的有复印纸、光泽照片纸、亚光照片纸、优质相片纸、高质量粗面双面纸等。此外还有一些具有特殊打印效果的介质，如重磅粗面纸（用于制作仿绘画照片）和恤衫转印纸（用于将图像转印到 T 恤上）等。不同的照片纸在不同打印机下的表现也不相同，较好的照片纸对不同打印机的适应性表现较好，能得到质量相对较高的照片。另外，照片打印的质量涉及的因素较多，如照片拍摄的质量、打印机的类型、墨水的类型、纸张及打印设置等因素，所以为了得到较好的照片打印效果，用户要从多个方面去考虑，照片纸只是其中的一项因素。

任务 3-8　了解无线路由器

路由器（router）是连接两个或多个网络的硬件设备，在网络间起网关的作用。路由器是读取每一个数据包中的地址然后决定如何传送的专用智能性网络设备。它能够理解不同的协议，如某个局域网使用的以太网协议、因特网使用的 TCP/IP 协议。路由器可以分析各种不同类型网络传来的数据包的目的地址，把非 TCP/IP 网络的地址转换成 TCP/IP 地址，或者反之；然后再根据选定的路由算法把各数据包按最佳路线传送到指定位置。所以路由器可以把非 TCP/IP 网络连接到因特网上。

1. 无线路由器简介

无线路由器是用于用户上网并带有无线覆盖功能的路由器。可以将无线路由器看作一个转发器，将家中墙上接出的宽带网络信号通过天线转发给附近的无线网络设备（笔记本计算机、手机、平板计算机以及所有带有 Wi-Fi 功能的设备）。

市场上流行的无线路由器一般都支持专线 xDSL、cable、动态 xDSL、PPTP 四种接入方式，一般只能支持 15~20 个设备同时在线使用。无线路由器还具有一些网络管理的功能，如 DHCP（动态主机配置协议）服务、NAT（网络地址转换）防火墙、MAC（介质访问控制）地址过滤、动态域名等。一般的无线路由器的信号范围为半径 50 m，已经有部分无线路由器的信号范围达到了半径 300 m。

2. 无线路由器性能参数

以相关产品的参数来介绍无线路由器的各项性能指标。

（1）小米（MI）Redmi AX3000 路由器（见图 3-15）的相关参数如表 3-1 所示。

表 3-1 小米（MI）Redmi AX3000 路由器参数表

参数类型	参数说明	参数类型	参数说明
散热方式	自然散热	建议宽带	101~300 MB
防火墙	支持防火墙	LAN 输出口	千兆网口
机身材质	塑料	天线	外置天线
管理方式	APP 管理	运营商	移动、联通、电信
内存容量	256 MB	设备尺寸	其他
WAN（广域网）口类型	电口	支持 IPv6[①]	支持 IPv6
其他端口	无	APP 控制	支持 APP 控制
适用面积	61~120 m²	无线速率	3000 MB
是否带 USB	无 USB 接口	游戏加速	网易 UU 加速器
总带机量	101~150	终端 WAN 接入口	千兆网口
LAN（局域网）口类型	电口	无线协议	Wi-Fi 6
LAN 口数量	3 个		

① IPv6：internet protocol version 6，第 6 版互联网协议。

图 3-15 小米（MI）Redmi AX3000

（2）普联 TL-XDR3010 易展版路由器（见图 3-16）的相关参数如表 3-2 所示。

表 3-2 普联 TL-XDR3010 易展版路由器参数表

参数类型	参数说明	参数类型	参数说明
散热方式	其他	建议宽带	801~1000 MB
防火墙	不支持防火墙	是否支持 Mesh	支持 Mesh
LAN 输出口	千兆网口	天线	外置天线
管理方式	APP 管理 WEB 页面	运营商	移动、联通、电信
网口盲插	支持网口盲插	支持 IPv6	支持 IPv6
设备尺寸	桌面型	IPTV[①]接口	有 IPTV 接口

续表

参数类型	参数说明	参数类型	参数说明
WAN 口类型	电口	无线速率	3000 MB
总带机量	201~300	终端适用面积	121~150 ㎡
其他端口	重置键	是否带 USB	无 USB 接口
无线协议	Wi-Fi 6	LAN 口类型	电口
WAN 接入口	千兆网口	APP 控制	支持 APP 控制
双宽带接入	支持双宽带接入	LAN 口数量	3 个

① IPTV：internet protocol television，互联网电视。

图 3-16　普联 TL-XDR3010 易展版路由器

3. 无线路由器的主流品牌

无线路由器的主流品牌介绍如下。

（1）普联（TP-LINK）：深圳市普联技术有限公司的品牌，成立于 1996 年，是专业的网络与通信设备供应商。TP-LINK 路由器采用高端规格，配备强大的 CPU 和专业软件平台，能够大幅提升芯片的数据处理效率和系统稳定性，实现真正的沉浸式联网。作为国家级高新技术企业和国内少数几家拥有完全独立自主研发和制造能力的公司之一，TP-LINK 在路由器领域拥有良好的声誉和较大的市场份额。

（2）华为：在移动网络、固定网络、网络安全等领域均有着丰富的经验和深厚的技术积累，其通信技术在全球范围内得到广泛认可，在通信技术领域有着重要的地位。华为的路由器在市场上表现优秀，具有信号稳定、高速连接、智能管理、安全性高、兼容性好等优点。

（3）小米：小米路由器作为小米旗下的产品，具有高性能的处理器和 6 路高性能信号放大器，能够提供更远的信号传输距离和更高的穿墙性能。同时，小米路由器还搭载了 AIoT 智能天线，提高了信号接收的灵敏度。

（4）腾达（Tenda）：深圳市吉祥腾达科技有限公司的品牌，创立于 1999 年。作为国内第一家研发、生产路由器及无线产品的企业，腾达在网络设备供应商中非常有名。腾达的产品包括家用无线路由器、商用无线路由器和交换机等，该公司与全球上百家顶级代理商达成了合作关系。

（5）水星：其路由器具有双频并发的功能，理论速率高达 1500 Mbps，支持 Wi-Fi 6 技术，可以提供更快的传输速率，并能流畅地播放 4K 大片，满足用户的上网需求。水星的产品还具备智能分频和多连不卡的特点，无线速率达到 3000 MB，高速路由，品牌口碑良好。

（6）中兴：该公司名成立于 1985 年，总部位于广东省深圳市。中兴专注于生产手机和 IT 软件，口碑极佳，拥有完整的端到端产品线和融合解决方案。

4. 无线路由器的性能指标

无线路由器的性能主要体现在品质、接口数量和传输速率等方面。

1）品质

在衡量一款路由器的品质时，可先考虑其品牌。知名品牌的产品相对来说拥有更高的品质，并拥有完善的售后服务和技术支持，还可以进行相关认证和监管机构的测试等。

2）接口数量

LAN 口数量只要能够满足需求即可，家用计算机的 LAN 口数量不会太多，一般选择有 4 个 LAN 口的路由器，且家庭宽带用户和小型企业用户只需要一个 WAN 口。

3）传输速率

信息的传输速率往往是用户最关心的问题。目前主流路由器的传输速率以百兆和千兆为主，也有万兆的，为了以后升级方便，用户应尽量选购千兆或万兆的产品。

4）网络标准

用户在选购路由器时必须考虑产品支持的网络标准是 IEEE 802.11ax/ac，还是 IEEE 802.11n 等。市场上讨论最多的是 Wi-Fi 5 和 Wi-Fi 6 两种无线协议，其中 Wi-Fi 5 使用的是 802.11ac 协议，而 Wi-Fi 6 使用的是 802.11ax 协议。目前，最新的 Wi-Fi 7 使用的是 IEEE 802.11be 协议。

5）频率范围

无线路由器的射频（radio frequency，RF）系统需要工作在一定的频率范围之内，这样才能够与其他设备相互通信。不同的产品采用不同的网络标准，因此它们采用的工作频率范围也不太一样。无线路由器产品主要有单频、双频和三频 3 种不同的类型。

6）天线类型

路由器的天线类型主要有内置和外置两种，通常外置天线的性能更好。

7）天线数量

理论上，天线数量越多，无线路由器的信号就越好。但事实上，多天线的无线路由器的信号只比单天线无线路由器的信号强 10%~15%，最直接的表现就是单天线无线路由器的信号在经过一堵墙后，手机上显示的信号只剩下一格，而多天线无线路由器的信号则徘徊在一格与两格之间。

8）功能参数

功能参数是指无线路由器所支持的各种功能，功能越多，路由器的性能就越强。常见的功能参数包括 VPN（虚拟专用网络）支持、QoS（网络的一种安全机制，用来解决网络延迟和阻塞等问题的一种技术）支持、防火墙功能、WPS（Wi-Fi 安全防护设定标准）功能、WDS（延伸扩展无线信号）功能和无线安全等。

训练要求

以组为单位，借助网络平台（中关村在线、淘宝、京东等）完成以下任务，制作 PPT 并分组进行汇报。

训练思路

本实训内容主要包括查看配件型号，获取配件参数，整理配件性能参数 3 个步骤。

训练提示

根据表 3-3 所示的计算机配件明细，查找相关产品型号及其性能参数。

表 3-3　计算机配件明细表

配件名称	配件型号	配件品牌	性能参数
CPU		Intel、AMD	
主板		技嘉、华硕、微星	
内存		金士顿、三星、威刚	
固态硬盘		金士顿、西部数据、三星	
机械硬盘		希捷、西部数据	
显卡		影驰、七彩虹	
电源		鑫谷、海盗船	
机箱		长城、航嘉	
显示器		优派、三星、飞利浦	
键盘		双飞燕、罗技	
鼠标		罗技、英菲克	

项目 4

选购计算机核心配件

无论是新配置一台计算机,还是升级计算机,再或者是对计算机进行维护,都需要对计算机的配件进行有目的的选购。本项目的重点就是掌握计算机核心配件的选购技巧,进行计算机核心配件的选购实践,探析不同价位的计算机配件应如何进行搭配。可以根据用户的需求,结合性能、价格等各方面因素,对各种计算机核心配件进行选购。

学习目标 ▶

知识目标

(1)了解主板的选购技巧。

(2)了解 CPU 的选购技巧。

(3)了解内存的选购技巧。

(4)了解硬盘的选购技巧。

(5)了解电源的选购技巧。

能力目标

(1)能够独立完成主板的选购实战。

(2)能够独立完成 CPU 的选购实战。

(3)能够独立完成内存的选购实战。

(4)能够独立完成硬盘的选购实战。

(5)能够独立完成电源的选购实战。

素养目标

(1)学习计算机核心配件的选购技巧,培养创新思维和实践能力。独立思考、勇于尝试,在实践中不断探索和优化计算机核心配件的搭配方案,提高解决问题的能力。

(2)在计算机核心配件的选购过程中,要重点考虑用户和社会的需求。同时关注环境保护、可持续发展等问题,选择符合绿色环保标准的配件,注重性价比和品质保证;提升社会责任感和服务意识,为社会提供更好的产品和服务。

任务 4-1　选购主板

当购买计算机主板时，选择一个稳定可靠的主板至关重要。一个好的主板能够提供持久稳定的性能，并能保证系统的正常运行。

1. 主板选购原则

1）与 CPU 相匹配

主板的技术指标要与计算机的 CPU 的规格和指标相匹配。在选择主板时要先了解 CPU 的品牌，其插槽类型是否与所选主板的结构相适合，以及是否和主板芯片组相匹配，主板还要在性能上和 CPU 的性能相匹配。主板结构如图 4-1 所示。

图 4-1　主板结构

（1）Intel 芯片组的主板。Intel 主板通常根据芯片组的首字母来区分不同的定位和用途。

① H 系列芯片组主板：H 系列芯片组主板在主流芯片组主板中属于低端定位，适合入门级或预算较低的用户。这类主板通常具有较少的接口和插槽，价格相对较低，为寻求简单功能且不需要过多扩展性的用户而设计。常见的 H 系列芯片组主板有 H310、H410、H510 和 H610，它们一般搭载 G 系列的奔腾、赛扬等处理器，为基本日常任务提供可靠性能。

② B 系列芯片组主板：B 系列芯片组主板属于商用芯片组主板，中端定位。相较于 H 系列，B 系列芯片组主板在做工和质量上更为优秀。它们主要适用于商务办公人群和一般家庭用户。这类主板通常搭配 i3、i5 等处理器，为用户提供较好的性能和扩展性。B 系列芯片组主板的价格适中，是预算有限但希望有更好体验的用户的理想选择。

③ Z 系列芯片组主板：Z 系列芯片组主板代表着高端定位，做工和用料都非常出色。这些主板一般都支持超频，是游戏玩家和硬件"发烧友"的首选。Z 系列芯片组主板通常搭载 i7、i9 等高性能处理器，为用户提供极致的游戏体验和计算性能。虽然价格较高，但它是追求顶级性能和可玩性用户的

最佳选择。

Intel 系列主板的对比情况如图 4-2 所示。

项目	Z590	Z490	B560	B460	H410	Z390	B365	H370
CPU 插槽（LGA）	1200	1200	1200	1200	1200	1151	1151	1151
内存类型	DDR4	DDR4	DDR4	DDR4	DDR4	DDR4	DDR3、DDR4	DDR4
特性	超频、Type-C、显示接口、Wi-Fi	SLI、CF、超频、Type-C、显示接口、Wi-Fi	Type-C、显示接口、Wi-Fi	CF、Type-C、显示接口、Wi-Fi	Type-C、显示接口、Wi-Fi	SLI、CF、超频、Type-C、显示接口、Wi-Fi	SLI、CF、Type-C、显示接口、Wi-Fi	Type-C、显示接口、Wi-Fi
最大内存容量	64 GB、128 GB	64 GB、128 GB	64 GB、128 GB	64 GB、128 GB	32 GB、64 GB	32 GB、64 GB、128 GB	16 GB、32 GB、64 GB	16 GB、32 GB、64 GB
存储接口	M.2、SATA 3.0	M.2、SATA 3.0	M.2、SATA 3.0	M.2、SATA 3.0	M.2、SATA 3.0	U.2、M.2、SATA 3.0	M.2、SATA 3.0	M.2、SATA 3.0

图 4-2 Intel 系列主板的对比情况

综上所述，入门级用户可以选择 H 系列芯片组主板，适合日常办公和基本娱乐；预算有限但追求更好体验的用户可以选择 B 系列芯片组主板，满足对更高性能的要求；而游戏玩家和专业用户则应该选择 Z 系列芯片组主板，以获得优秀的性能和扩展性。

（2）AMD 的主板。AMD 的主板通常分为 B、X、A 三大系列。

① B 系列主板是面向主流玩家的产品。例如，支持锐龙 5000 和 3000 处理器的 B550 主板拥有 20 条直连锐龙处理器的 PCI-e 4.0 通道，可以充分发挥 1 张 PCI-e 4.0 显卡和 1 个 PCI-e 4.0 SSD 的性能。PCI-e 4.0 SSD 的连续读取速度可达 7000 MB/s，远高于一般的 PCI-e 3.0 SSD 的读取速度。此外，B550 主板还支持超频，在主流价格区间带来了新技术和充足的可玩性，是令人惊喜的主板系列。B550 主板与主流的锐龙 5 系列处理器搭配是个不错的选择，甚至可以与性能更强的锐龙 7 或锐龙 9 处理器搭配。

② X 系列主板则专为硬核"发烧友"准备。旗舰级定位的 X570 是一款 PCI-e 4.0 主板，拥有 36 条可用的 PCI-e 4.0 通道，其中 20 条直连锐龙处理器，16 条由 X570 芯片组提供。这种强大的可拓展性能满足"发烧友"和专业人士的各种需求。

③ A 系列主板适合家用办公和日常使用，为那些主要使用计算机进行文档编辑、视频观看、网上冲浪以及偶尔玩些小游戏的用户设计。搭载 Radeon 显卡的锐龙和速龙处理器非常适合这类使用场景，因为它们整合了 CPU 和 GPU 两大核心部件，省去了对额外显卡的需求，再加上 A 系列主板，拥有十分优越的性价比。以 A520 主板为例，它提供了 5 个 USB 3.2 Gen2 高速接口和 4 个 SATA 接口，对于一般用户来说已经足够。

AMD 系列主板的对比情况如图 4-3 所示。

项目	A520	B550	TRX40	X570	X470	B450	X399	A320
CPU 插槽（Socket）	AM4	AM4	sTRX4	AM4	AM4	AM4	TR4	AM4
内存类型	DDR4	DDR4	DDR4	DDR4	DDR4	DDR4	DDR4	DDR4
特性	超频、Type-C、显示接口、Wi-Fi	SLI、CF、超频、Type-C、显示接口、Wi-Fi	SLI、CF、Type-C、Wi-Fi	SLI、CF、Type-C、显示接口、Wi-Fi	SLI、CF、Type-C、显示接口、Wi-Fi	CF、超频、Type-C、显示接口、Wi-Fi	SLI、CF、超频、Type-C、显示接口、Wi-Fi	CF、Type-C、显示接口
最大内存容量	32 GB、64 GB、128 GB	32 GB、64 GB、128 GB	256 GB	64 GB、128 GB	32 GB、64 GB	32 GB、64 GB、128 GB	64 GB、128 GB	16 GB、32 GB、64 GB
存储接口	M.2、SATA 3.0	M.2、SATA 3.0	M.2、SATA 3.0	U.2、M.2、SATA 3.0	M.2、SATA 3.0	M.2、SATA-E、SATA 3.0	U.2、M.2、SATA 3.0	M.2、SATA 3.0

图 4-3　AMD 系列主板的对比情况

2）主板厂家品牌

华硕、微星和技嘉等品牌的特点是研发能力强、推出新品速度快、产品线齐全、高端产品过硬、市场认可度较高。

映泰和梅捷等品牌具备相当的实力，也有各自的特色。

华擎和翔升等品牌有制造能力，在保证稳定运行的前提下价格较低。

3）兼容性

兼容性指主板与 CPU、内存、显卡等配件的兼容性问题。

4）主板的尺寸

在主板的选购中，一定要关注主板的尺寸（板型），尽量不选择小尺寸的主板，因为小尺寸主板的扩展性和散热性较低，会成为计算机使用和升级的主要受限因素。

2. 主板选购实战

1）选购要求

选购主板要求如表 4-1 所示。

表 4-1　选购主板要求

参数类型	参数要求
主板品牌	华硕
价格	1000~2000 元
主板板型	ATX
内存类型	DDR5
CPU 品牌	Intel
CPU 插槽	LGA 1700
最大内存容量	128 GB

在中关村在线平台选择主板的搜索条件（包括品牌、价格、芯片组、板型、CPU 插槽、内存类型、

存储接口、视频接口等），如图 4-4 所示。

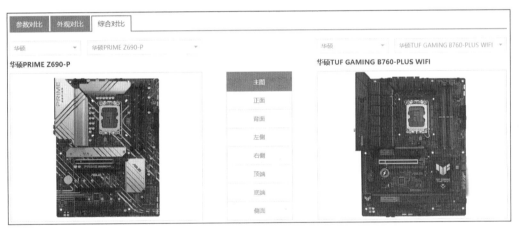

图 4-4 中关村在线平台的主板选购条件

符合要求的主板有华硕 PRIME Z690-P 和华硕 TUF GAMING B760-PLUS WIFI 两款，如图 4-5 和图 4-6 所示。

图 4-5 搜索结果 1

图 4-6 搜索结果 2

2）参数对比

华硕 PRIME Z690-P 和华硕 TUF GAMING B760-PLUS WIFI 两款主板的参数对比如表 4-2 所示。

表 4-2　两款主板的参数对比

类型		品牌	
		华硕 PRIME Z690-P	华硕 TUF GAMING B760-PLUS WIFI
主板芯片	集成芯片	声卡 / 网卡	声卡 / 网卡
	主芯片组	Intel Z690	Intel B760
	芯片组描述	采用 Intel Z690 芯片组	采用 Intel B760 芯片组
	音频芯片	集成 Realtek ALC8878 声道音效芯片、集成 Realtek 7.1 声道音效芯片	集成 Realtek ALC8977.1 声道音效芯片、集成 Realtek 7.1 声道音效芯片
	网卡芯片	板载 Realtek RTL8111H 千兆网卡、板载 Intel 2.5GbE 网卡	板载千兆网卡、板载 Intel 2.5GbE 网卡
处理器规格	CPU 类型	第十二代 /Core/Pentium/Celeron	第十二代 / 第十三代 Core/Pentium/Celeron
	CPU 插槽	LGA 1700	LGA 1700
	CPU 描述	支持英特尔 14 nm 处理器	—
内存规格	内存类型	4 × DDR5 DIMM	4 × DDR5 DIMM
	最大内存容量	128 GB	128 GB
	内存描述	支持双通道 DDR5 6000（OC）MHz 内存	支持双通道 DDR5 7000(OC)MHz 内存
存储扩展	PCI-e 标准	PCI-e 5.0	PCI-e 5.0、PCI-e 3.0
	PCI-e x16 插槽	4 个（1 个支持 x16 运行规格，3 个支持 x4 运行规格）	1 个
	PCI-e x1 插槽	1 个	2 个
	存储接口	3 个 M.2 接口、4 个 SATA 3.0 接口	3 个 M.2 接口、4 个 SATA 3.0 接口
I/O 接口	USB 接口	1 个 USB 3.2 Gen2x2 Type-C 接口、1 个 USB 3.2 Gen2 Type-A 接口、2 个 USB 3.2 Gen1 Type-A 接口、2 个 USB 2.0 接口、1 个 USB 3.2 Gen1 接口、2 个 USB 3.2 Gen1 接口、2 个 USB 2.0 接口	1 个 USB 3.2 Gen2x2 Type-C 接口、1 个 USB 3.2 Gen2 接口、3 个 USB 3.2 Gen1 接口、1 个 USB 2.0 接口、2 个 USB 2.0 连接端口
	视频接口	1 个 DisplayPort 接口、1 个 HDMI 接口	1 个 HDMI 接口、1 个 DisplayPort 1.4 接口
	电源接口	一个 4 针、一个 8 针、一个 24 针电源接口	一个 4 针、一个 8 针、一个 24 针电源接口
	其他接口	1 个 PS/2 通用接口、1 个 RJ-45 网卡接口、5 个音频接口	1 个 RJ-45 网卡接口、5 个音频接口
板型	主板板型	ATX 板型	ATX 板型
	外形尺寸	30.5 × 23.4 cm	30.5 × 24.4 cm
软件管理	BIOS 性能	192（128+64）MB Flash ROM、UEFI AMI BIOS	—
	操作系统	Windows 11 ready、Windows 10 64-bit	—

　　华硕 PRIME Z690-P 和华硕 TUF GAMING B760-PLUS WIFI 都是华硕旗下的主板,它们有不同的特点和适用场景,所以要了解哪个更符合需求,需要考虑如下一些因素。

　　(1)主板的性能和功能。PRIME Z690-P 具有更多高端特性,如更多的 PCI-e 插槽、更多的 USB 接口、更多的内存插槽等。这使其在性能和扩展性方面优于 TUF GAMING B760-PLUS WIFI。

　　(2)价格。价格也是一个重要的考虑因素,华硕 PRIME Z690-P 的价格相对较高。

　　(3)游戏功能。对于游戏玩家来说,TUF GAMING B760-PLUS WIFI 可以提供更高的游戏特性和更好的性能优化,如更多的 PCI-e x16 插槽和支持游戏的相关技术。

　　(4)未来升级。考虑未来的升级计划,PRIME Z690-P 允许升级到更强大的处理器,而 TUF GAMING B760-PLUS WIFI 的升级则可能会受到一些限制。

任务 4-2　选购 CPU

　　在选购计算机时,一般会首先关注 CPU 的性能表现。目前市场上主流的 CPU 品牌包括 Intel 和 AMD,它们都推出了众多系列的产品。本任务需要了解 CPU 的选购技巧,能够根据不同的需求制定 CPU 的购置方案。

1. 对比 CPU 性能指标

以下列举了几款 Intel、AMD 两家厂商旗下的 CPU 产品,其价格对比如图 4-7 所示。

图 4-7　CPU 产品价格对比

　　图 4-8 为图 4-7 所列举的系列 CPU 的性能指标与参数的对比,包含 CPU 的核心数量、主频、制作工艺、缓存等。

⊟ 基本参数				
适用类型	台式机	台式机	台式机	台式机
CPU系列	酷睿i5 13代系列	APU A10	AMD Ryzen 5 7000系列	酷睿i9 13代系列
制作工艺	10纳米	—	5纳米	10纳米
包装形式	盒装	—	盒装	盒装
发布日期	—	—	—	2022年Q4
⊟ 性能参数				
CPU主频	2.5GHz	3.5GHz	4.7GHz	3GHz
最高睿频	4.8GHz	—	5.3GHz	5.8GHz
核心数量	10核心	四核心	六核心	二十四核心
线程数量	16线程	—	十二线程	三十二线程
三级缓存	24MB	—	32MB	36MB
热设计功耗(TDP)	65W	65W	105W	125W
加速频率	—	3.8GHz	—	—
一级缓存	—	—	384KB	—
二级缓存	—	—	6MB	—
⊟ 内存参数				
支持最大内存	128GB	—	—	128GB
内存类型	DDR4 3200MHz DDR5 4800MHz	DDR4 2400MHz	—	DDR4 3200MHz DDR5 5600MHz
最大内存通道数	2	—	2	2
最大内存带宽	76.8 GB/s	—	—	89.6 GB/s
ECC内存支持	—	—	—	是
⊟ 封装规格				
封装大小	45×37.5mm	—	—	—
最高温度	100℃	—	—	100℃
最大CPU配置	1	—	—	—
插槽类型	—	Socket AM4	—	LGA 1700
⊟ 技术参数				
睿频加速Max技术	支持，3.0	—	—	支持，3.0
睿频加速技术	支持，2.0	不支持	—	支持，2.0
超线程技术	支持	—	—	支持
虚拟化技术	Intel VT-x，VT-d，EPT	—	—	Intel VT-x，VT-d，EPT
指令集	SSE4.1/4.2，AVX2，64bit	—	—	SSE4.1/4.2，AVX2，64bit
64位处理器	是	是	—	是
性能评分	—	13965	—	—
⊟ 显卡参数				
集成显卡	—	AMD Radeon R7	AMD Radeon Graphics	英特尔 超核芯显卡 770
显卡基本频率	—	1029MHz	400MHz	300MHz
显卡其它特性	—	HDMI 2.0，Display Port 1.2，DVI	核心数量：2	—
显卡最大动态频率	—	—	2200MHz	1.65GHz
支持的显示器数量	—	—	—	4
最大分辨率	—	—	—	7680×4320
执行单元	—	—	—	32
图形输出	—	—	—	eDP 1.4b，DP 1.4a，HDMI 2.1
设备 ID	—	—	—	0xA780

图4-8 CPU性能指标与参数对比

2.CPU 选购技巧

1）选择品牌系列

不同品牌系列的 CPU 主要比较的参数有生产工艺、核心数量和缓存。生产工艺精密度越小、核心数量越多、缓存越大的系列其产品越好，用户可以根据价格和性能需求来选购。

2）选择型号

对于同一品牌同一系列不同型号的 CPU，需要根据自己的实际需求对比各参数后进行选购。下列以 Intel 酷睿 i 系列 CPU 和 AMD CPU 举例说明。

（1）Intel 酷睿 i 系列 CPU 的命名规则。

①品牌、系列。Intel®Core™ 的中文意思是"英特尔酷睿"系列，从最早的赛扬、奔腾系列到现在的酷睿系列，酷睿系列已成为最主流的 CPU 之一。

②等级。从用途来看，酷睿系列将旗下的 CPU 分成了不同等级，包含 i3、i5、i7、i9 还有 X 系列。不同等级的产品用途的定义如下。

i9 用于图形设计、视频处理、游戏开发等专业领域。使用多显卡平台需要搭配 i9 这种高性能处理器。

i7 多用于视频剪辑、游戏直播一些 3A（高成本、高体量、高质量）大作等，会带来良好的体验。

i5 算是比较有性价比的一个系列，几乎可以畅玩所有主流游戏。

i3 主要用于日常办公、看视频、上网等。

综上所述，从性能上看同一代 CPU：i3 < i5 < i7 < i9，价格自然也是逐步上涨。

③代数。在产品系列等级（Core i3/i5/i7/i9）之后的数字（8/9/10/11）一般是指酷睿系列的代数。例如，i9 9900X 就是第九代 CPU，i7 10700K 就是第十代 CPU，i5 11400F 和 i3 8100 则是十一代和八代 CPU。从 2008 年推出的第一代产品 i3 530 到现在的 i9 14900K，Intel 已经推出十四代产品。由于每一代 CPU 核心都会使用更加合理的架构布局，所以性能也会有大幅的提升。例如，i5 12600K 甚至比前一代 i9 11900K 的性能高出许多。

④SKU 值。SKU 值是 stock keeping unit 的缩写，意思为库存编号，一般是生产商给自家产品的编号。SKU 值用来识别某一类产品的尺寸、类型、制造商等。通常 SKU 值越大代表产品的性能越好。

⑤台式机 CPU 后缀字母含义。英特尔 CPU 酷睿系列台式机一般有这 5 种后缀。

K：支持超频，带核心显卡，如 i9 13900K、i7 13700K、i5 13600K。

KS：支持超频，主频比 K 系列更高，是特别发行版，如 i9 13900KS、12900KS。

KF：支持超频，无核心显卡，必须搭配独立显卡才能使用，如 i9 13900KF、i7 13700KF/12700KF、i5 13600KF。

F：不支持超频，无核心显卡，必须搭配独立显卡才能使用，如 i9 13900F、i7 13700F、i5 13400F、i3 13100F。

无后缀：不支持超频，有核心显卡，有无独显均可正常开机，如 i9 13900、i7 13700、i5 13400、i3 13100。

⑥笔记本 CPU 后缀字母含义。

U：笔记本专用低功耗处理器，性能偏弱，续航能力强，多用于轻薄本，如 i7 1255U。

Q：笔记本高性能四核处理器。

Y：超低功耗，主要用于轻薄笔记本计算机、平板计算机和移动设备。

X：酷睿最高级别的系列 CPU，性能最强。

R：有 Iris 的核心显卡，在没有独立显卡的情况下有比较强的图形处理能力。

HX：最高性能，所有 SKU 未锁频。

HK：高性能，未锁频。

（2）AMD CPU 命名规则。

①等级。以 AMD Ryzen 5 7600X 为例，AMD Ryzen 5 7600X 中的"Ryzen 5"代表这款 CPU 的等级，类似英特尔酷睿 CPU 的 i3、i5、i7、i9，锐龙也有 R3、R5、R7、R9。

R3：入门定位，适合家用，轻度办公和娱乐。

R5：主流定位，可无压力玩游戏，高性价比产品。

R7：高端定位，提升了多线程能力，提高了生产力性能。

R9：旗舰定位，锐龙系列性能最优的产品。

②产品代数。AMD 处理器的代数如下。

锐龙 7000 系列：目前主流的 AMD 桌面级处理器。

锐龙 5000 系列：性价比高，实用性强，如锐龙 5 5600G、锐龙 7 5700X、锐龙 7 5800X3D 等。

还有较为低端的锐龙 4000、3000、2000 和 1000 系列。

③SKU 编号。编号越大，等级越高，性能也越强。以锐龙 5000 系列为例，性能排序：5600X<5700X<5800X<5900X<5950X。

④AMD CPU 后缀字母含义。

X：支持 AMD 官方超频 XFR 技术（自动超频），频率的最大值会受到散热器工作效果的影响，散热越强，频率越高。

G：有核心显卡（APU），内置强大的 Vega 显卡。

3D：支持 3D 缓存。

HX：高端"发烧"级 CPU，如 R9 5980HX，功耗在 55 W 及以上。

PRO：支持一些特别的数据安全技术。

⑤笔记本 AMD CPU 后缀字母含义。

U：面向轻薄笔记本的 CPU，有较低的功耗和 Vega 核显。

H：标准电压，不可拆卸，性能更强，常用在游戏本上。

3）CPU 包装种类

CPU 的包装分为中文盒装、英文盒装、深包和散片 4 种。

（1）中文盒装。这是由正规渠道生产销售，从未拆封和挑选的原厂包装，价格最高。凭 CPU 风扇上的序列号，可以享受三年全国联保。

（2）英文盒装。这是市面上最多的包装，类似于美版行货，价位比中文盒装稍微便宜一些。另外，中文盒装的产品产量比较低。英文盒装的散热器并没有对应的序列号，不享受三年全国联保。

（3）深包。深包是指散片 CPU 和廉价散热风扇，通俗来讲就是假盒装。

（4）散片。散片是指没有包装和散热器，只有一个 CPU，一般是 OEM 或者是通过其他渠道流入市场的。

3.CPU 选购实战

CPU 选购要求如表 4-3 所示。

表 4-3　CPU 选购要求

参数类型	参数要求
主板型号	华硕 PRIME Z690-P
CPU 插槽	LGA 1700
选购品牌	英特尔
CPU 价格	2000 元以上
适用类型	台式机
包装形式	盒装

在中关村在线平台选择 CPU 的搜索条件（包括 CPU 品牌、CPU 价格、CPU 系列、适用类型、核心数量、插槽类型、制作工艺、CPU 主频、线程数量、集成显卡、包装形式等），如图 4-9 所示。

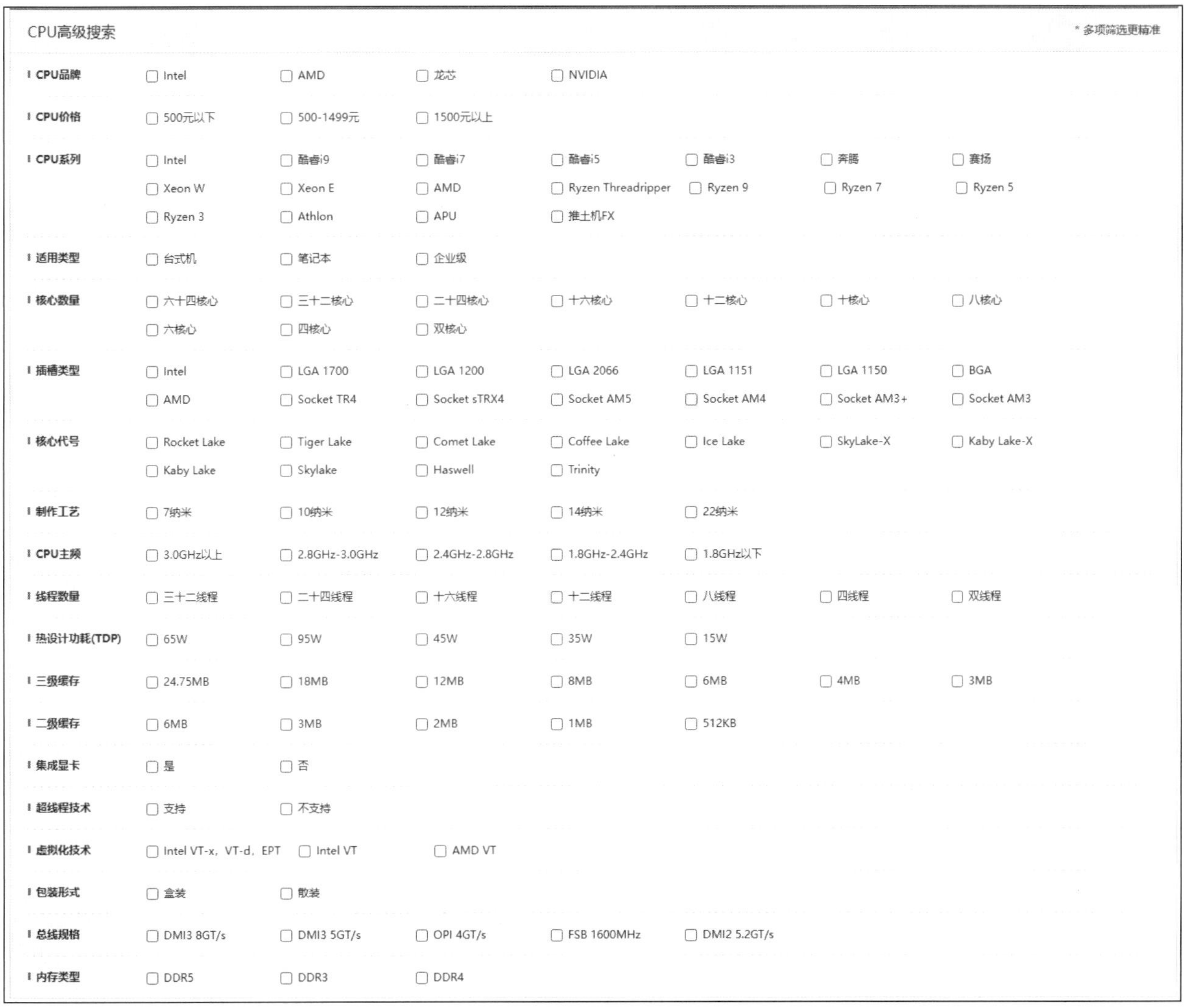

CPU高级搜索						*多项筛选更精准
CPU品牌	☐ Intel	☐ AMD	☐ 龙芯	☐ NVIDIA		
CPU价格	☐ 500元以下	☐ 500-1499元	☐ 1500元以上			
CPU系列	☐ Intel	☐ 酷睿i9	☐ 酷睿i7	☐ 酷睿i5	☐ 酷睿i3	☐ 奔腾	☐ 赛扬
	☐ Xeon W	☐ Xeon E	☐ AMD	☐ Ryzen Threadripper	☐ Ryzen 9	☐ Ryzen 7	☐ Ryzen 5
	☐ Ryzen 3	☐ Athlon	☐ APU	☐ 推土机FX		
适用类型	☐ 台式机	☐ 笔记本	☐ 企业级			
核心数量	☐ 六十四核心	☐ 三十二核心	☐ 二十四核心	☐ 十六核心	☐ 十二核心	☐ 十核心	☐ 八核心
	☐ 六核心	☐ 四核心	☐ 双核心			
插槽类型	☐ Intel	☐ LGA 1700	☐ LGA 1200	☐ LGA 2066	☐ LGA 1151	☐ LGA 1150	☐ BGA
	☐ AMD	☐ Socket TR4	☐ Socket sTRX4	☐ Socket AM5	☐ Socket AM4	☐ Socket AM3+	☐ Socket AM3
核心代号	☐ Rocket Lake	☐ Tiger Lake	☐ Comet Lake	☐ Coffee Lake	☐ Ice Lake	☐ SkyLake-X	☐ Kaby Lake-X
	☐ Kaby Lake	☐ Skylake	☐ Haswell	☐ Trinity		
制作工艺	☐ 7纳米	☐ 10纳米	☐ 12纳米	☐ 14纳米	☐ 22纳米	
CPU主频	☐ 3.0GHz以上	☐ 2.8GHz-3.0GHz	☐ 2.4GHz-2.8GHz	☐ 1.8GHz-2.4GHz	☐ 1.8GHz以下	
线程数量	☐ 三十二线程	☐ 二十四线程	☐ 十六线程	☐ 十二线程	☐ 八线程	☐ 四线程	☐ 双线程
热设计功耗(TDP)	☐ 65W	☐ 95W	☐ 45W	☐ 35W	☐ 15W	
三级缓存	☐ 24.75MB	☐ 18MB	☐ 12MB	☐ 8MB	☐ 6MB	☐ 4MB	☐ 3MB
二级缓存	☐ 6MB	☐ 3MB	☐ 2MB	☐ 1MB	☐ 512KB	
集成显卡	☐ 是	☐ 否				
超线程技术	☐ 支持	☐ 不支持				
虚拟化技术	☐ Intel VT-x、VT-d、EPT	☐ Intel VT	☐ AMD VT			
包装形式	☐ 盒装	☐ 散装				
总线规格	☐ DMI3 8GT/s	☐ DMI3 5GT/s	☐ OPI 4GT/s	☐ FSB 1600MHz	☐ DMI2 5.2GT/s	
内存类型	☐ DDR5	☐ DDR3	☐ DDR4			

图 4-9　中关村在线平台的 CPU 选购条件

符合规定要求的 CPU 有酷睿 i7 12700、酷睿 i7 12700F、酷睿 i7 12700K、酷睿 i7 12700KF 和酷睿 i7 2650H 五款，如图 4-10 所示。

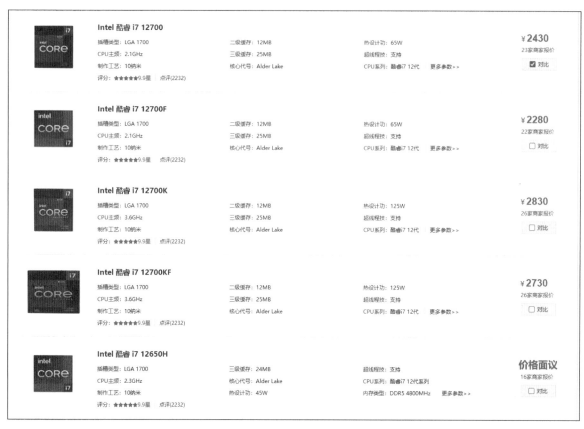

图 4-10　CPU 搜索结果

注意产品后缀字母含义。

i7 12700 代表第十二代 i7 处理器，带有核心显卡，不支持超频。

i7 12700F 代表第十二代 i7 处理器，不带有核心显卡，不支持超频。

i7 12700K 代表第十二代 i7 处理器，带有核心显卡，支持超频。

i7 12700KF 代表第十二代 i7 处理器，不带有核心显卡，支持超频。

i7 12650H 代表第十二代 i7 处理器，带有核心显卡，不支持超频。

★★互动分享★★

请发表自己的看法，交流一下哪种 CPU 更加符合选购要求，性价比更高？

任务 4-3　选购内存

计算机运行内存（RAM）是计算机存储当前正在运行的程序和数据的临时存储器，平时打开的软件、文档都在消耗运行内存。RAM 可以被 CPU 快速读取和写入，是计算机最重要的组件之一，能直接影响计算机的性能和运行速度。

1. 对比内存性能指标

以下列举了几款内存产品，其价格对比如图 4-11 所示。

图 4-11　内存价格对比

对图 4-11 所示的内存产品进行性能指标与参数的对比，包含工作频率、容量、插槽类型、CL 延迟等。内存性能指标与参数对比如图 4-12 所示。

基本参数				
适用类型	台式机	台式机	台式机	台式机
容量描述	单条（8GB）	单条（8GB）	单条（16GB）	套装（2×8GB）
内存类型	DDR4	DDR4	DDR4	DDR4
内存主频	3200MHz	3200MHz	2666MHz	3200MHz
针脚数	288pin	288pin	288pin	288pin
插槽类型	SDRAM		DIMM	DIMM
技术参数				
CL延迟	16	18		
性能评分	14374			
其他参数				
散热片	支持散热	自带散热片		自带散热片
工作电压	1.35V	1.2V	1.2V	1.35V
XMP				支持，XMP2.0
保修信息				
保修政策	全国联保，享受三包服务	全国联保，享受三包服务	全国联保，享受三包服务	全国联保，享受三包服务
质保时间	终身质保	终身质保	3年	终身质保

图 4-12　内存性能指标与参数对比

2. 内存选购技巧

1）按需购买

在购买内存时，应先考虑所配计算机的用途，根据用途确定内存的容量及型号。不要盲目地追求高配置内存。

2）认准内存品牌

不要因为价格而选择来历不明的内存产品。任务 2-3 中有介绍内存的主流品牌，选择知名品牌对质量会多一分保障。

3）选购注意事项

（1）兼容性。由于内存的使用还受到主板的限制，因此在选购内存时要充分考虑主板对内存的支持。另外，CPU 对内存的支持也很重要。例如，在组建双通道内存时，主板和 CPU 必须都支持双通道内存。组建双通道内存时，尽量选择同一品牌、同一批次的产品，确保它们具有更好的兼容性。

（2）内存容量。内存容量越大，系统的性能就越高，价格也就越高。所以内存容量不是越大越好，而是需要根据自己的需求来选择。当前的计算机大多以 4 GB 内存为入门配置，办公室计算机建议使用 8~16 GB 内存。游戏玩家或专业图像、音频、视频编辑用户，建议使用 16~32 GB 内存。

（3）频率搭配。购买内存时，一定要注意内存工作频率与主板的支持频率是否一致。若不一致则可能出现无法识别或降频使用的情况。

（4）产品做工。内存 PCB（印制电路板）的作用是连接内存芯片引脚与主板信号线，因此其做工好坏直接关系着系统稳定性。主流内存 PCB 的层数一般是 6 层，这类电路板具有良好的电气性能，可以有效屏蔽信号干扰。而更高规格的内存条往往配备了 8 层 PCB，具有更好的效能。内存条上"金手指"的优劣也直接影响着内存条的兼容性甚至稳定性，"金手指"的金属层要厚、明亮。

（5）售后服务。用户应选择良好的经销商，一旦产品在质保期间出现任何质量问题，都可以及时维修或更换。另外，在购买时就应确定好质保时间和返修方式。

3. 内存选购实战

内存选购要求如表 4-4 所示。

表 4-4　内存选购要求

参数类型	参数要求
主板型号	华硕 PRIME Z690-P
内存插槽	4 × DDR5 DIMM
内存品牌	金士顿
内存价格	2000 元左右
适用类型	台式机

通过中关村在线平台选择内存的搜索条件（包括内存品牌、适用类型、容量、内存类型、内存主频等），如图 4-13 所示。

图 4-13　中关村在线平台的内存选购条件

筛选后得到以下 4 种符合规定要求的内存产品，如图 4-14 所示。

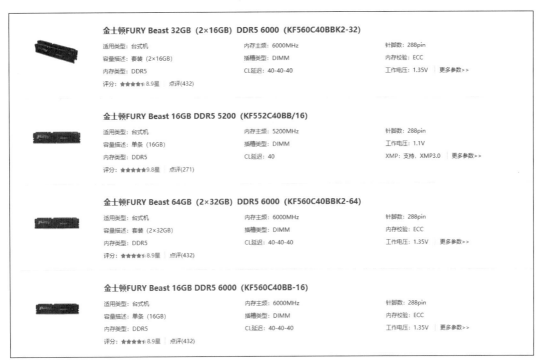

图 4-14　内存搜索结果

内存条按外观主要分为普条、马甲条、灯条三类。

（1）普条（见图 4-15）是由 PCB 板加内存颗粒构成的内存条，通常频率在 2666 MHz 以下，如威刚的"万紫千红"内存条。

（2）马甲条（见图 4-16）是给普条加上一个金属制的散热马甲，因其频率较高，导致发热量大，所以高频内存条通常是带有散热马甲的，如金士顿"骇客神条"、海盗船"复仇者"。

（3）灯条是在马甲条的基础上又增加了炫酷的灯光特效，"颜值"和光污染直线提升。灯条内存如图 4-17 所示。

图 4-15　普条内存

图 4-16　马甲条内存

图 4-17　灯条内存

★★ 互动分享 ★★

请发表自己的看法，交流一下哪种内存条更加符合选购要求，性价比更高？

任务 4-4　选购硬盘

硬盘是存储数据的一个载体，是计算机最主要的存储设备之一。安装的软件、游戏以及缓存的视频、音乐等都主要以 0 和 1 的方式存储在硬盘上供用户使用。

硬盘一般分为机械硬盘和固态硬盘，机械硬盘的读写速度一般在 100 MB/s，固态硬盘的读写速度能达到 500 MB/s。大部分 DIY 组装计算机都使用固态硬盘，这样可以有更快的开机速度和更短的游戏加载时间。如果需求容量较大，则选用"固态 + 机械"的方式装机会更经济。

1. 对比硬盘性能指标

1）机械硬盘的性能对比

机械硬盘的性能主要看容量和转速这两方面。以下列举了几款产品，其价格对比如图 4-18 所示。这几款机械硬盘参数的对比如图 4-19 所示。

图 4-18　机械硬盘价格对比

基本参数				
适用类型	台式机	台式机	台式机	台式机
硬盘尺寸	3.5英寸	3.5英寸	3.5英寸	3.5英寸
硬盘容量	4000GB	4000GB	2000GB	4000GB
缓存	256MB	256MB	256MB	256MB
转速	5900rpm	7200rpm	7200rpm	7200rpm
接口类型	SATA3.0	SATA3.0	SATA3.0	SATA3.0
接口速率	6Gb/秒	6Gb/秒	6Gb/秒	6Gb/秒
性能参数				
性能评分	3540			
其他参数				
产品尺寸	146.99*101.6*20.17mm	147*101.6*26.1mm	147*101.6*26.1mm	146.99*101.85*26.11mm
产品重量	490g	450g	450g	
其他性能	读写速度：190MB/秒			工作负载：300TB/年
其他特点				NAS硬盘 旋转震动（RV）传感器 CMR垂直技术

图 4-19　机械硬盘参数对比

2）固态硬盘的性能对比

固态硬盘具有速度快、价格高的特点。以下列举了几款产品，其价格对比如图 4-20 所示。这几款产品的参数对比如图 4-21 所示。

图 4-20　固态硬盘价格对比

基本参数				
产品定位	消费类	消费类	消费类	企业级
存储容量	500GB	500GB	1TB	960GB
接口类型	SATA3 (6Gbps)	PCI-E接口	M.2 PCIe接口	U.2接口
硬盘尺寸	2.5英寸			2.5英寸
闪存架构			TLC三层单元	TLC三层单元
缓存			1GB	
主控芯片			Elpis	
通道			Gen4×4	Gen4×4
存储介质			三星 V-NAND 3-bit MLC	
性能参数				
读取速度	550MB/s	3000MB/s	7000MB/s	6800MB/s
写入速度	520MB/s	1600MB/s	5000MB/s	4000MB/s
4K随机读	98000 IOPS	220000IOPS	1000000 IOPS	100000IOPS
4K随机写	90000 IOPS	170000IOPS	1000000 IOPS	180000IOPS
电源功耗	平均: 2.2W 最大: 4.0W		工作电压: 3.3V±5%	
平均无故障时间	150万小时	175万小时	150万小时	200万小时
平均寻道时间			0.5ms	

图 4-21　固态硬盘参数对比

2. 硬盘选购技巧

1）机械硬盘选购技巧

（1）容量。机械硬盘的作用就是存储用户的资料。随着电影、游戏、照片的大小越来越大，1 TB 用起来也是捉襟见肘，2 TB 也刚起步。

（2）转速。机械硬盘的另一个重要参数就是盘片的转速，常见的硬盘转速有 7200 r/min 和 5400 r/min。一些针对高端市场的硬盘的转速可以达到 10000 r/min。这个转速指的是盘片每分钟的转动速度，转速越快，硬盘寻址的速度越快，硬盘性能就越好。

（3）品牌。购买机械硬盘要选择较知名的品牌，从正规渠道购买，确保售后有保障。

2）固态硬盘选购技巧

固态硬盘选购技巧：看接口、看容量、看颗粒、看主控、看性能。

（1）看接口。在购买 SSD 之前，首先要确认主板支持的接口，符合条件的建议直接选择具有 PCI-e 3.0 协议的 NVMe M.2 固态驱动器。较为老旧的计算机升级（主板不支持 M.2 接口），可以选择 SATA 固态硬盘。

（2）看容量。固态硬盘容量越大越好，市场上主流 SSD 的通用容量为 256 GB、512 GB、1 TB、2 TB 和 4 TB。通常相同品牌和型号的 SSD，其容量越大，价格越高。如果购买的 SSD 用作游戏盘，建议选择至少 1 TB 以上的容量；如果仅用作系统磁盘或在日常办公时使用，512 GB 也可满足基本需求。

（3）看颗粒。SSD 的核心部件是 SSD 颗粒，它是 SSD 中存储介质的载体，其质量和性能直接影响到 SSD 的性能和寿命。SSD 颗粒可以分为 SLC（single level cell）颗粒、MLC（multi level cell）颗粒、TLC（triple level cell）颗粒和 QLC（quad level cell）颗粒。TLC 是目前最常见的颗粒，应用非常广泛。虽然 TLC 的读写速度、颗粒质量以及寿命都不及 SLC 和 MLC，但其成本要低得多，日常使用完全能够满足普通消费者的需求。市面上的大多数中高端 SSD 都采用 TLC 颗粒。QLC 则是高性价比之选，存储密度最大，成本也最低。一些中低端大容量的 SSD 会使用 QLC 颗粒，能够为大容量的 SSD 带来更长的使用寿命，也足以满足日常使用。

（4）看主控。主控相当于 SSD 的大脑，它影响 SSD 数据的各个方面，目前较好的主控品牌有 Marvell、三星、东芝、慧荣等。

（5）看性能。4K IOPS（input/output operations per second）的速度越快越好，4K IOPS 影响着计算机使用的流畅性。4K IOPS 具体指的是存储器每秒可以接收主机访问的次数，IOPS 越高，硬盘读取数据的速度就越快，它能最直观地反映固态磁盘的传输速度和性能。

3. 硬盘选购实战

硬盘选购要求如表 4-5 所示。

表 4-5　硬盘选购要求

参数类型	参数要求
主板型号	华硕 PRIME Z690-P
存储接口	3 个 M.2 接口、4 个 SATA 3.0 接口
硬盘品牌	西部数据、三星、希捷
硬盘价格	机械硬盘 600 元左右，固态硬盘 1000 元左右
适用类型	台式机

1）机械硬盘

通过中关村在线平台选择机械硬盘的搜索条件（包括硬盘品牌、适用类型、容量、接口类型、转速、尺寸、缓存等），如图 4-22 所示。

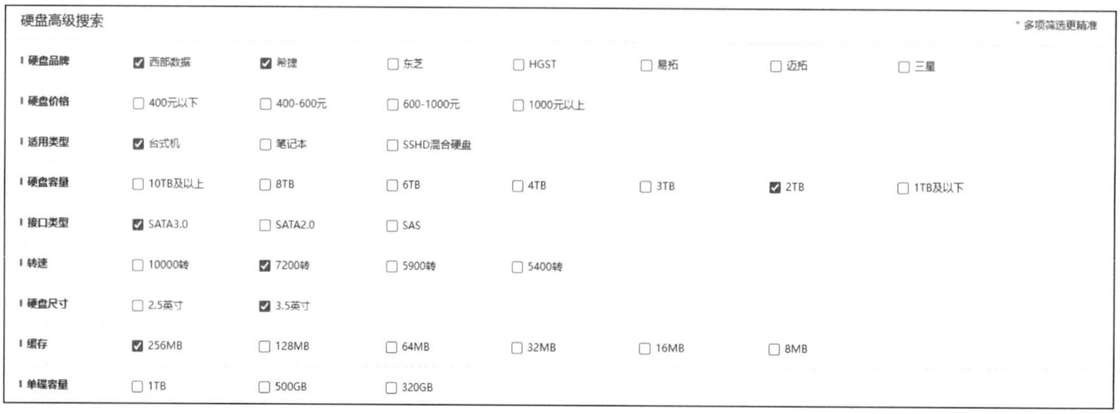

图 4-22　中关村在线平台的机械硬盘选购条件

筛选后得到西部数据蓝盘和希捷 BarraCuda 两款产品，如图 4-23 所示。

图 4-23 机械硬盘搜索结果

2）固态硬盘

通过中关村在线平台选择固态硬盘的搜索条件（包括品牌、容量、接口类型等），如图 4-24 所示。

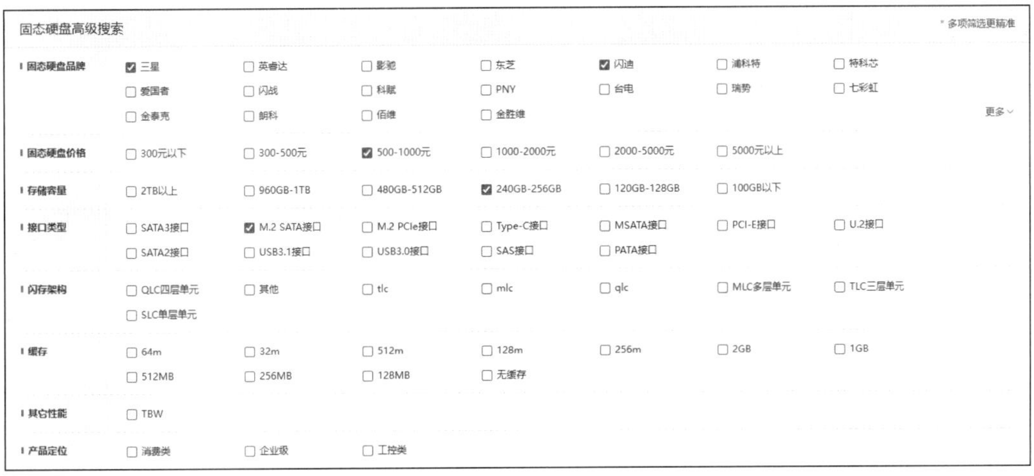

图 4-24 中关村在线平台的固态硬盘选购条件

筛选后得到三星旗下的两款产品，如图 4-25 所示。

图 4-25 固态硬盘搜索结果

★★ 互动分享 ★★

因为固态硬盘具有时间属性，所以在保证它能正常运转外，还需要一块很稳定、很牢靠的机械硬盘来保存每天的重要数据信息。交流一下以上经过筛选的硬盘哪一款更适合购买。

任务 4-5　选购电源

电源是给整个主机所有硬件供电的设备，选择一款质量好、使用寿命长的电源很重要。

1. 对比电源性能指标

以下列举了几款电源产品，其价格对比如图 4-26 所示。图 4-27 为电源基本参数对比，主要对电源类型、是否为模组及额定功率进行对比。图 4-28 为电源接口及性能参数对比。

图 4-26　电源产品价格对比

基本参数				
电源类型	台式机电源	台式机电源，游戏电源	台式机电源	台式机电源
适用范围	全面兼容INTEL与AMD全系列产品	支持Intel酷睿二代5、i7等最新处理器	支持Intel和AMD全系列CPU	支持Intel和AMD全系列CPU
电源版本	ATX 12V 2.31	ATX 12V 2.31		ATX 12V 2.31
主板接口	20+4pin	20+4pin	20+4pin	20+4pin
PFC类型	主动式	主动式	主动式（功率因数为0.98）	主动式
电源模组	非模组电源	模组电源	非模组电源	模组电源
80PLUS认证	金牌	金牌	金牌	金牌
宽幅	宽幅	宽幅	宽幅	宽幅
额定功率	500W	750W	500W	750W
风扇描述	12cm液压轴承静音风扇	12cm静音风扇（黑框黑叶）	12cm	14cm
电源尺寸			150×86×140mm	150×160×86mm
最大功率				850W
电源重量				2.82kg

图 4-27　电源基本参数对比

电源接口				
CPU接口（4+4pin）	1个	1个	1个	2个
显卡接口（8Pin）	2个	4个	2个	6个
硬盘接口	4个	12个	4个	9个
软驱接口（小4pin）	1个			
供电接口（大4pin）	3个	4个	2个	
CPU接口（方4pin）				3个
性能参数				
交流输入	100-240V、6-12A、47-63Hz	100-240V	90-264V	100-240V
3.3V输出电流	24A	20A		
5V输出电流	15A	20A		
5Vsb输出电流	2.5A	3A		
12V输出电流	38A	62A	40A	
-12V输出电流	0.3A	0.5A		

图 4-28　电源接口及性能参数对比

2. 电源选购技巧

在选购计算机电源时，有如下几个重要的注意事项。

1）重量

根据电源的重量可以初步判断其质量的优劣。好的电源通常采用优质的钢材制成外壳，材质较厚重。同样重要的内部零件，如变压器和散热片，好的电源会使用铝制甚至铜制的散热片，其体积较大，散热效果更好。因此，较重的电源相对来说质量更可靠。

2）风扇

电源内的风扇在散热过程中起着关键作用。传统的 ATX 2.01 版本以上的 PC 电源采用向外抽风的散热方式，可以确保热量及时排出，避免热量积聚和灰尘进入机箱。风扇有两种常见的规格：油封轴承和滚珠轴承。油封轴承风扇运行较安静，滚珠轴承风扇寿命较长。额定电流也是重要的指标，较大的电流意味着风扇的功率和风力更强。

3）安全规格

电源的安全规格至关重要，好的电源应具备保护功能，能在电路接错、短路或故障时停止工作，以避免造成严重的后果。

3. 电源选购实战

电源选购要求如表 4-6 所示。

表 4-6　电源选购要求

参数类型	参数要求
额定功率	500~850 W
价格范围	300~800 元
电源类型	台式机电源、游戏机电源
适用范围	Intel 与 AMD 多核 CPU

在中关村在线平台选择电源的搜索条件（包括品牌、类型、额定功率、风扇类型、硬盘接口等），如图 4-29 所示。

图4 29 中关村在线平台的电源选购条件

筛选后得到威刚、振华冰山金蝶、航嘉和海韵 4 款电源产品，如图 4-30 所示。

图4 30 电源搜索结果

★★ 互动分享 ★★

请发表自己的看法，交流一下哪款电源更加实用？

拓展训练

训练要求

以组为单位，了解核心硬件设备，掌握计算机性能测试的方法，制作 PPT 并分组进行汇报。

训练思路

本实训内容主要包括下载 CPU-Z 软件以及对 CPU 性能进行测试。

训练提示

（1）下载 CPU-Z 并安装。

（2）测试 CPU 主要性能参数。

项目 5

选购计算机其他配件

项目导入 ▶

介绍完核心配件如 CPU、主板、内存、硬盘等的选购后，本项目将带领读者了解显卡、显示器等计算机其他配件的选购技巧，并能根据自身需求进行合理选购。

学习目标 ▶

知识目标

（1）了解显卡的选购技巧。

（2）了解显示器的选购技巧。

（3）了解机箱的选购技巧。

（4）了解键盘和鼠标的选购技巧。

（5）了解品牌机的选购技巧。

能力目标

（1）能够独立完成显卡和显示器的选购。

（2）能够独立完成机箱的选购。

（3）能够独立完成键盘和鼠标的选购。

（4）能够独立完成品牌机的选购。

素养目标

（1）通过了解显卡、显示器、机箱、键盘和鼠标的选购技巧，提升自己的知识素养。掌握不同配件的性能指标和适用场景，能够根据需求选择合适的配件，提高计算机的整体性能和使用体验。

（2）培养创新思维和实践能力，勇于尝试新的配件搭配方案，在实践中不断探索和优化计算机的性能。

任务 5-1　选购显卡

显卡在处理图形和视频方面发挥着重要的作用，特别是在需要处理高负荷图形和图像设计的领域。显卡的性能直接影响计算机的图形渲染和图像处理能力。

1.对比显卡性能指标

1）英伟达显卡产品对比

英伟达显卡在市场上占有率极高。以下列举了几款英伟达显卡产品，其价格对比如图 5-1 所示，产品参数对比如图 5-2 所示。

图 5-1　NVIDIA 显卡价格对比

显卡核心			
芯片厂商	NVIDIA	NVIDIA	NVIDIA
显卡芯片	GeForce RTX 2060	GeForce GTX 1650	GeForce RTX 3050
显示芯片系列	NVIDIA RTX 20系列	NVIDIA GTX 16系列	NVIDIA RTX 30系列
制作工艺	12纳米	12纳米	8纳米
核心代号	TU106	TU117	GA106-150
CUDA核心	1920个	896个	2560个
核心频率		1815MHz	
显存规格			
显存频率	14000MHz	8002MHz	14000MHz
显存类型	GDDR6	GDDR5	GDDR6
显存容量	6GB	4GB	8GB
显存位宽	192bit	128bit	128bit
最大分辨率	—	7680×4320	7680×4320
显卡接口			
接口类型	PCI Express 3.0 16X	PCI Express 3.0 16X	PCI Express 4.0 16X
I/O接口	1×DisplayPort接口，1×HDMI接口，1×DVI-D接口	3×HDMI接口，1×DisplayPort接口	1×HDMI接口，3×DisplayPort接口
电源接口	—	6pin	8pin

图 5-2　NVIDIA 显卡产品参数对比

2）AMD 显卡产品对比

以下列举了几款 AMD 显卡产品，其价格对比如图 5-3 所示。图 5-4 为显卡详细参数对比，主要包括显卡芯片、制作工艺、核心频率等。图 5-5 为显存规格对比，主要包括显存类型、容量、位宽等。图 5-6 为产品其他参数对比，主要包括显卡类型、散热方式及接口等。

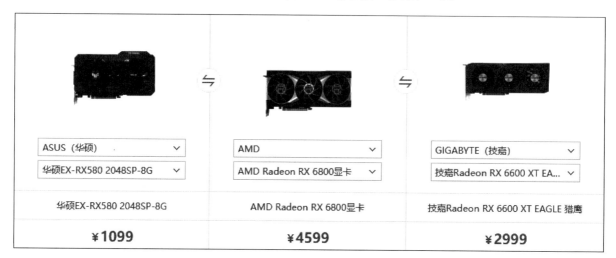

ASUS（华硕）	AMD	GIGABYTE（技嘉）
华硕EX-RX580 2048SP-8G	AMD Radeon RX 6800显卡	技嘉Radeon RX 6600 XT EA...
华硕EX-RX580 2048SP-8G	AMD Radeon RX 6800显卡	技嘉Radeon RX 6600 XT EAGLE 猎鹰
¥1099	¥4599	¥2999

图 5-3　AMD 显卡价格对比

显卡核心

芯片厂商	AMD	AMD	AMD
显卡芯片	Radeon RX 580	Radeon RX 6800	Radeon RX 6600 XT
显示芯片系列	AMD RX 500系列	AMD RX 6000系列	AMD RX 6000系列
制作工艺	14纳米	7纳米	—
核心代号	Polaris 20 XTX	Navi 21	Navi 23
核心频率	超频模式: 1294MHz 游戏模式: 1284MHz	1815-2105MHz	
流处理单元	2048个	3840个	2048个

图 5-4　AMD 显卡详细参数对比

显存规格

显存频率	7000MHz	16000MHz	16000MHz
显存类型	GDDR5	GDDR6	GDDR6
显存容量	8GB	16GB	8GB
显存位宽	256bit	256bit	128bit
最大分辨率	5120×2880	7680×4320	7680×4320

图 5-5　AMD 显存规格对比

⊟ 显卡接口			
接口类型	PCI Express 3.0 16X	PCI Express 4.0 16X	PCI Express 4.0 16X
I/O接口	1×HDMI接口，1×DVI接口，1×DisplayPort接口	1×HDMI接口，2×DisplayPort接口，1×USB Type-C接口	2×HDMI接口，2×DisplayPort接口
电源接口	8pin	8pin+8pin	8pin
⊟ 其它参数			
显卡类型	主流级	发烧级	发烧级
散热方式	双风扇散热	三风扇散热	三风扇散热
3D API	DirectX 12	DirectX 12	DirectX 12，OpenGL 4.6

图 5-6　AMD 显卡其他参数对比

2. 显卡选购技巧

1）明确是否需要独立显卡

装机时，首先根据自己的需求明确是否需要选择独立显卡。独立显卡的性能越来越强，价格更为昂贵。如果仅是办公、看电影等，选择集成显卡就可以，经济实惠不浪费，完全没有必要购买独立显卡。

2）选择口碑好的显卡品牌

国内做得比较出色、口碑不错的显卡品牌主要有微星、华硕、蓝宝、迪兰、影驰等，各品牌之间同型号显卡的价格相差不大，若预算充裕，应尽量选择稍微贵些的、在质量与散热方面较好的显卡。

3）根据整机档次来选择

显卡应该根据装机的整机档次来选择，如果是入门级装机，没必要选太高端的显卡。但如果整机配置高端，则显卡性能也必须跟得上。总之，应秉承够用的原则，在经济范围内选择合适并能保证整机性能平衡的显卡。

3. 显卡选购实战

显卡选购要求如表 5-1 所示。

表 5-1　显卡选购要求

参数类型	参数要求
主板型号	华硕 PRIME Z690-P
PCI-e 标准	PCI-e 4.0
选购品牌	七彩虹、影驰、索泰
显存容量	8 GB GDDR6
显存位宽	128 bit
显卡价格	1500~2500 元
适用类型	台式机

在中关村在线平台选择显卡的搜索条件（包括品牌、类型、芯片、容量、显存类型、I/O 接口、位宽、分辨率等），如图 5-7 所示。

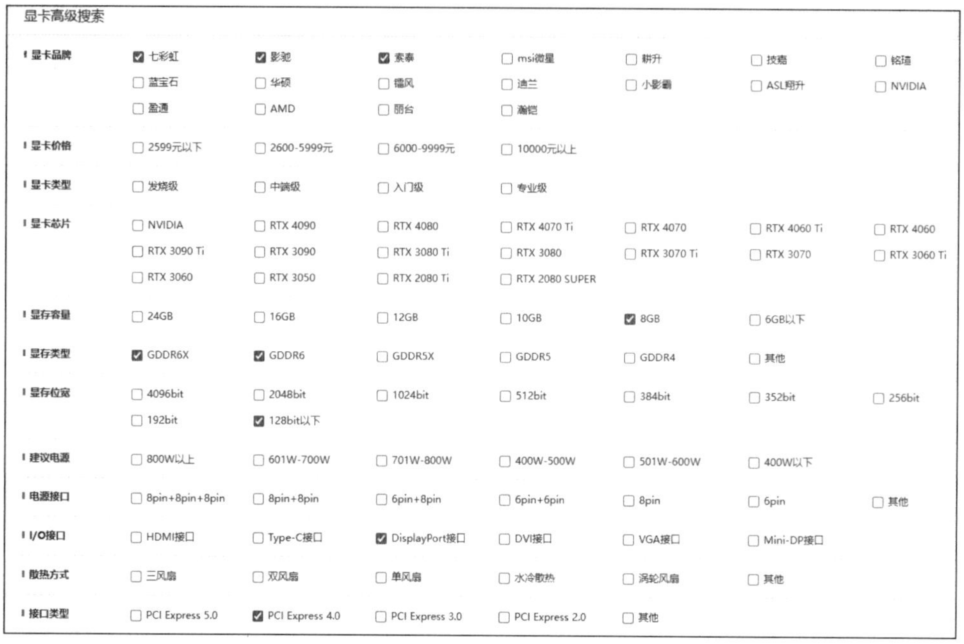

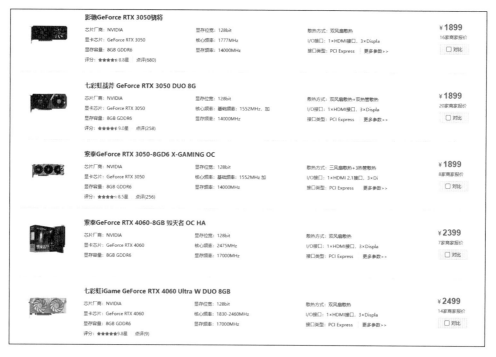

图 5-7　中关村在线平台的显卡选购条件

筛选后得到七彩虹、索泰、影驰的 5 款产品，如图 5-8 所示。

图 5-8　显卡搜索结果

★★ 互动分享 ★★

　　请发表自己的看法，谈谈以上的 5 款显卡中，哪款显卡更加符合选购要求，性价比更高？

任务 5-2 选购显示器

显示器会对用户的视觉体验产生直接的影响。一个高质量的显示器可以提供更清晰、更鲜艳的图像，使用户享受更优质的视觉体验。

1. 对比显示器性能指标

显示器品牌众多，以下列举了几款显示器产品，其价格对比如图 5-9 所示。图 5-10 为这几款显示器的基本参数对比，主要包括产品类型、屏幕尺寸、响应时间等。图 5-11 为这几款显示器的其他参数对比，主要包括可视角度、接口类型等。

	ASUS (华硕) ▽	Philips (飞利浦) ▽	HKC ▽	Samsung (三星) ▽
	华硕VG278Q ▽	飞利浦272M8 ▽	HKC SG27QC ▽	三星U28R550UQC ▽
	华硕VG278Q	飞利浦272M8	HKC SG27QC	三星U28R550UQC
	¥**1699**	¥**1299**	¥**1499**	¥**1999**
	🛒 15 个商家	🛒 31 个商家	🛒 7 个商家	🛒 16 个商家

图 5-9 显示器产品的价格对比

□ 基本参数				
产品类型	LED显示器, 护眼显示器	LED显示器	广视角显示器, 曲面显示器	4K显示器, 广视角显示器
屏幕尺寸	27英寸	27英寸	27英寸	28英寸
最佳分辨率	1920x1080	1920x1080	2560x1440	3840x2160
高清标准	1080p (全高清)	1080p (全高清)	2K	4K
面板类型	TN	IPS	VA	IPS
背光类型	LED背光	LED背光		
动态对比度	1亿:1	8000万:1	2000万:1	
静态对比度	1000:1	1000:1	3000:1	1000:1
响应时间	1ms	1ms	4ms	4ms
屏幕曲率			1800R	

图 5-10 显示器基本参数对比

显示参数				
点距	0.311mm	0.311mm		
亮度	400cd/㎡	250cd/㎡		250cd/㎡
可视面积	597.6×336.15mm	597.89×336.31mm		
可视角度	170/160°	170/178°	178/178°	178/178°
显示颜色	16.7M	16.7M	16.7M	10.7亿
色域	NTSC: 72%			DCI-P3: 90%
刷新率	144Hz	144Hz	144Hz	60Hz
扫描频率		水平: 55-160KHz 垂直: 48-144Hz		
接口参数				
视频接口	DVI, HDMI, Displayport	Displayport, HDMI	HDMI×2, Displayport	HDMI×2, Displayport
其它接口	音频输入		Audio out	音频输出

图 5-11　显示器其他参数对比

2. 显示器选购技巧

1）尺寸

显示器尺寸并不是越大越好。目前来说，23 英寸、24 英寸和 27 英寸是主流选择，超过了 23 英寸的显示器容易造成视觉疲劳。办公或者家用上网、看电影等，选择 23.5 英寸的显示器就足够。

23 英寸、23.5 英寸、24 英寸的显示器：适合 1080P 分辨率。

27 英寸以上大屏显示器：适合 2K 以上分辨率。

2）分辨率

分辨率关乎清晰度，通常分辨率越大，画面包含的像素就越多，画面也就越清晰。例如，同样的屏幕尺寸，1920*1080 像素分辨率的图像就比 1080*720 的要清晰，细节也更多。

选购建议如下。

（1）1080P 是多数人常用的分辨率，1080P 在观看视频、游戏、办公方面已经足够使用。2K 是设计制图、影视后期需要的最低分辨率。

（2）高分辨率的显示器其本身的价格以及配套的显卡的价格都比较昂贵。

（3）27 英寸以上的大屏幕需要选择 2K（2560*1440 像素）以上的分辨率，才能保证清晰度。

（4）4K 以上的分辨率需要 GTX 1660Ti 或者 RX590 以上的显卡。如果用 4K 的显示器玩 FPS 游戏（第一人称射击游戏）则需要双 2080Ti 显卡协同工作。

3）面板

对于面板的选购有如下几点建议。

（1）只玩游戏，对响应速度有要求，对色彩没有要求：选择 TN 面板。

（2）玩非 FPS 游戏、小型单机游戏等，对响应速度要求低：选择 IPS 面板。

（3）玩高 FPS 游戏，如《穿越火线》《反恐精英》等，对响应速度要求高：选择中端 TN、高端 IPS 面板。

（4）只看电影、办公、浏览网页，对色彩有要求，对响应速度没有要求：选择 IPS、VA 面板。

（5）兼顾非 FPS 游戏和电影、图像设计：选择中端的 IPS、VA 面板。

（6）兼顾高 FPS 游戏和电影、设计、办公：选择高端 IPS 面板。

（7）对色彩有很高的要求，如印刷行业、专业精修、影视调色等：选择高端 VA 或 IPS 面板。

3. 显示器选购实战

显示器选购要求如表 5-2 所示。

表 5-2　显示器选购要求

参数类型	参数要求
价格范围	1000~2000 元
屏幕尺寸	27 英寸
最佳分辨率	1920 像素 ×1080 像素
屏幕比例	宽屏 16：9

在中关村在线平台选择显示器的搜索条件（包括品牌、尺寸、产品类型、最佳分辨率、刷新率、屏幕比例、面板类型、视频接口等），如图 5-12 所示。

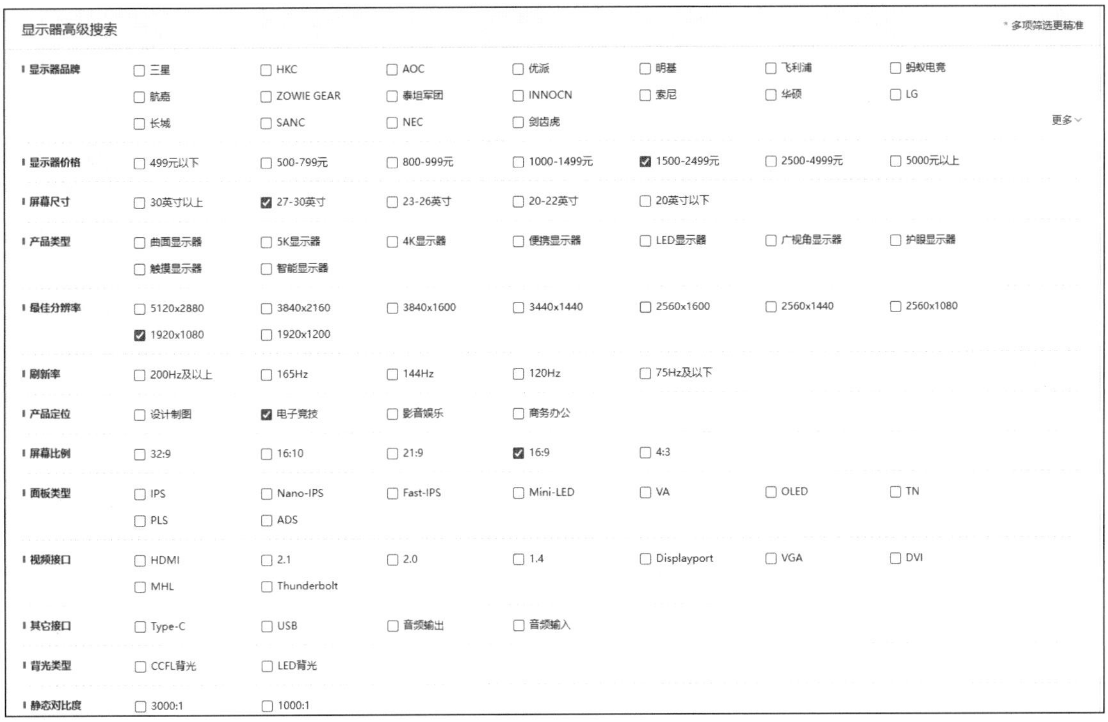

图 5-12　显示器搜索条件

筛选后得到 HKC、优派、三星、AOC 的 5 款产品，如图 5-13 所示。

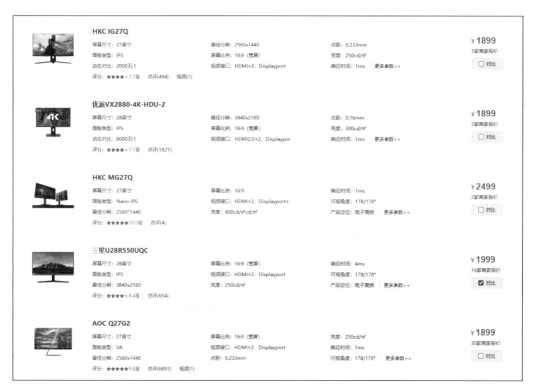

图 5-13　显示器搜索结果

请发表自己的看法，交流一下哪款显示器从外观和性价比上更符合当下的使用习惯？

任务 5-3　选购机箱

在选购机箱时，除了项目 3 中提到的基本属性外，还要考虑机箱的做工和用料，以及附加功能。

1. 对比机箱性能指标

计算机机箱外形众多，图 5-14 为几款机箱的外观对比。机箱的基本参数主要包括机箱的类型、摆放方式、电源类型、适用主板等。图 5-15 为这几款机箱的基本参数对比。除基本参数外，机箱还包括音频接口、USB 接口数量和是否支持水冷散热器等参数。图 5-16 为机箱扩展参数对比。图 5-17 为机箱功能参数对比。

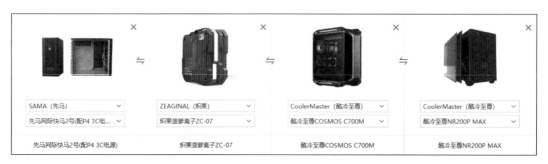

图 5-14　机箱外观对比

基本参数

机箱类型	台式机箱（中塔）	台式机箱（中塔）	台式机箱（全塔）	台式机箱（mini）
摆放方式	立式	立式	立式	立式
机箱结构	ATX	MATX	EATX	ITX
电源类型	P4 3C电源（标配）	ATX（标配）		V SFX GOLD 850W金牌全模组电源（标配）
适用主板		MINI-ITX板型，MATX板型，EATX板型，ATX板型	MINI-ITX、M-ATX、ATX、E-ATX	ITX板型
显卡限长		350mm		336mm
CPU散热器限高		166mm	198mm	67mm
机箱样式			玻璃侧透	玻璃侧透

图5-15 机箱基本参数对比

扩展参数

USB接口	USB2.0接口 x2 耳机接口 x1 麦克风接口 x1	USB3.0接口 x1	USB3.0 x1 USB3.1 x1	USB3.0接口 x2
2.5英寸仓位		2个		2个
音频接口		音频接口 x1 麦克风接口 x1	Type-C x1 Type-A x4 耳机接口 x1 麦克风接口 x1	耳机麦克风二合一接口 x1
3.5英寸仓位				1个
扩展插槽				3个

图5-16 机箱扩展参数对比

功能参数

其它风扇位	前：1×120mm风扇 后：1×80mm风扇		顶部：120/140mm×3 底部：120/140mm×2	左置：2×120/2×140mm风扇位 底置：1×120mm风扇位
其它特点	全折边工艺，全方位硬件防盗功能	激光切割 CNC精雕 高精度焊接 精细表面喷砂 支持分体式水冷 高强度铝合金框架 灵活结构设计 左右对称式设计		
理线功能		背部理线		
前置风扇位			120/140mm×3	
后置风扇位			120/140mm×1	
支持水冷			顶部：120mm、140mm、240mm、280mm、360mm、420mm（移除ODD，最大厚度70mm） 前部：120mm、140mm、240mm、280mm、360mm、420mm（移除ODD） 后部：120mm、140mm；底部：120mm、140mm、240mm	顶置：240/280mm水冷排（标配）

图5-17 机箱功能参数对比

2.机箱选购技巧

在选择机箱时，机箱的材质、散热效果、防尘效果等细节方面也是值得特别注意的。

1）材质

最常见的机箱材质是镀锌钢板，厚度在0.6 mm以上。这种材质的机箱在使用中要注意保护镀层，一旦镀层受损暴露内层的钢板，则会使内层的钢板生锈。除了镀锌材质的机箱以外，还有铝合金材质的机箱，此类机箱相比镀锌钢板材质的机箱更轻巧，并且因为铝合金不会锈蚀而更耐用。不过因为铝合金材质相对柔软，所以如果选用铝合金机箱（见图 5-18），应注意机箱的板材厚度至少在 1 mm 以上。

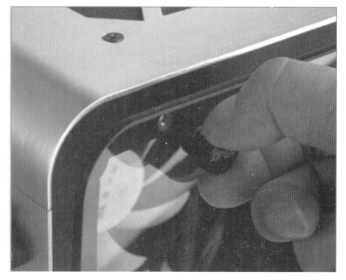

图 5-18　铝合金机箱

2）散热效果

机箱的散热主要利用其内部的风道和风扇将计算机内部的热空气排除，并将冷空气吸入主机内部。机箱风道的设计对计算机的散热性能而言非常重要。机箱风道分为水平风道、垂直风道及立体风道三种。其中，立体风道的设计更合理，不仅保证了冷空气能够压缩进入机箱，而且利用热空气上升的原理，使机箱内部的垂直与水平位置都可以保持良好的散热效果。机箱风流轨迹如图 5-19 和图 5-20 所示。

图 5-19　机箱风流轨迹 1

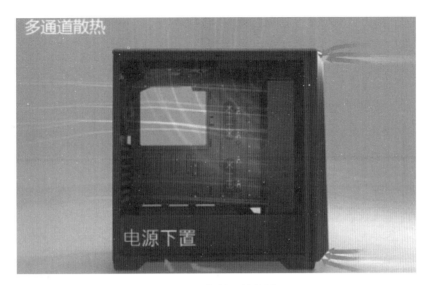

图 5-20 机箱风流轨迹 2

现在很多机箱把电源位置移到了下部，这样的设计既降低了机箱的重心，使机箱放置更稳定，又在机箱内部形成了更好的散热风道。机箱下方后部电源和前置风扇形成一个散热风道，以及机箱、CPU、显卡成为另一个独立的散热风道，更适合中高端配置。

3）防尘效果

随着计算机使用时间的增加，生活环境中的灰尘不可避免地落入机箱内部，日积月累，往往会造成计算机显卡工作失常、内存读取不畅、散热器出现噪声等故障。因此，在选择机箱时，其防尘效果也是判断机箱优劣的一个重要标准。机箱一般通过防尘网来防尘，防尘网一般安装在机箱顶部或者前部，如图 5-21 和图 5-22 所示。

图 5-21 机箱顶部防尘网

图 5-22 机箱前部防尘网

在日常使用计算机时，可以将计算机主机放置在灰尘较少的环境中，并养成定期打扫机箱的习惯，减少机箱中灰尘的淤积。

除了上面介绍的几点细节外，机箱的外观、灯光设计、侧板设计等也是在选购机箱时值得考虑的方面，但这些比较受个人喜好的影响。

3. 机箱选购实战

机箱选购要求如表 5-3 所示。

表 5-3　机箱选购要求

参数类型	参数要求
机箱类型	台式机箱
价格范围	200~300 元
机箱样式	立式
主板结构	MATX（见图 5-23）、ATX（见图 5-24）

图 5-23　MATX 主板结构

图 5-24　ATX 主板结构

在中关村在线平台选择机箱的搜索条件（包括品牌、类型、结构、样式、是否支持水冷、摆放方式、显卡限长、USB 接口、理线功能等），如图 5-25 所示。

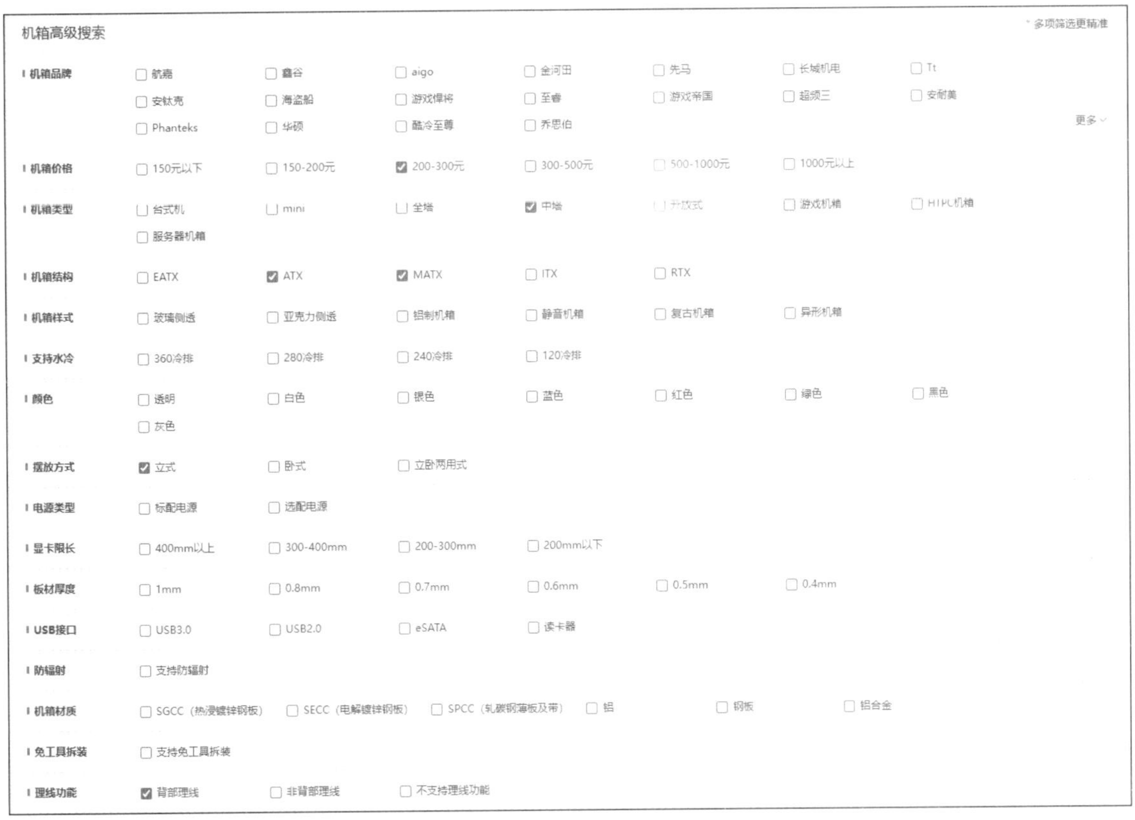

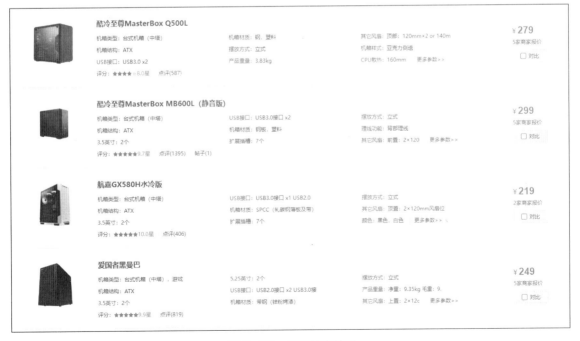

图 5-25   机箱选购条件

筛选后得到酷冷至尊、航嘉、爱国者厂家的 4 款产品，如图 5-26 所示。

图 5-26   机箱搜索结果

★★ 互动分享 ★★

请发表自己的看法，交流一下哪款机箱更加符合选购要求？

任务 5-4 选购鼠标

在选购鼠标时，首先要从适合自己手感的鼠标入手，然后再考虑鼠标的功能和品牌等方面。

1. 对比鼠标性能指标

对于鼠标，其入手时的触感往往是选购的第一要素，价格和其他性能参数也是必不可少的考虑要素。以下列举了几款产品，其价格对比如图 5-27 所示。图 5-28 为鼠标基本参数对比，主要包含大小、连接方式等。图 5-29 为鼠标技术参数对比，主要包含最高分辨率和按键寿命等。

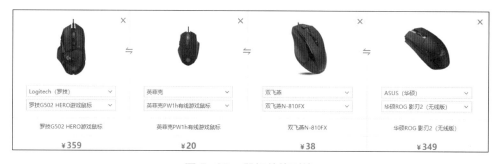

图 5-27　鼠标价格对比

基本参数				
上市时间	2018年09月			
适用类型	竞技游戏	竞技游戏	商务舒适	竞技游戏
鼠标大小	大鼠		普通鼠	大鼠
工作方式	光电	光电	光电	
连接方式	有线	有线	有线	有线，无线2.4G
鼠标接口	USB	USB	USB	USB
按键数	11个	6个	5个	5个
可编程按键数量	11个可编程按键个			
滚轮方向		双向滚轮	双向滚轮	双向滚轮

图 5-28　鼠标基本参数对比

技术参数				
最高分辨率	25600dpi	4800dpi	3000dpi	16000dpi
灯光系统	支持1680万色的RGB灯效			
按键寿命	5000万次		500万次	

图 5-29　鼠标技术参数对比

2. 鼠标选购技巧

1）鼠标尺寸

首先根据自己的手掌长度来挑选尺寸合适的鼠标，一般按照从中指指尖到手掌根部的长度来选，如果长度大于 18.5 cm，建议选择 120~127 mm 的鼠标；反之，建议选择 115~120 mm 的鼠标。鼠标的尺寸在产品规格中会标识。

2）鼠标握姿

鼠标也会根据手握鼠标的姿势来设计，所以需要了解握鼠标的姿势。握鼠标的姿势一般有三种：趴握，即整个手与鼠标接触；抓握，即手指抓着鼠标，手掌部分与鼠标接触；捏握，即手指捏着鼠标，手掌部分不与鼠标接触。三种鼠标握姿如图 5-30 所示。

对于习惯捏握或抓握的用户，建议选购左右对称的鼠标。如果用户习惯用趴握姿势使用鼠标，建议选择人体工程学鼠标，如图 5-31 所示。

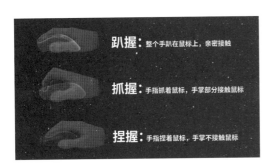

图 5-30　三种鼠标握姿

图 5-31　人体工程学鼠标

3）鼠标材质

（1）镜面材质。这种材质的好处在于外观比较好看，容易清洁。但是，其缺点是如果手掌容易出汗，汗液会很容易沾到鼠标上，不推荐手掌容易出汗的用户使用。镜面材质鼠标如图 5-32 所示。

（2）类肤材质。这种材质的鼠标不仅外观好看，而且手感比较好。其缺点是鼠标表面容易刮花，也容易沾染汗水。类肤材质鼠标如图 5-33 所示。

（3）塑料磨砂材质。这种材质的鼠标的外观和手感都比较一般，但是使用起来比较干爽，价格也会便宜一些，适合预算偏低的用户。塑料磨砂材质鼠标如图 5-34 所示。

图 5-32　镜面材质鼠标

图 5-33　类肤材质鼠标

图 5-34　塑料磨砂材质鼠标

4）配重模块

一般游戏鼠标都会增加配重模块，这是为了提高操作手感。如果喜欢重一点的鼠标，可以考虑选购加重鼠标，如图 5-35 所示。

5）鼠标接口

鼠标接口有圆形的 PS/2 接口和扁形的 USB 接口等，可根据自己计算机的接口类型进行选择。如果是无线鼠标，主要用 USB 接口（见图 5-36）或蓝牙连接。

图 5-35 加重鼠标

图 5-36 USB 接口

3. 鼠标选购实战

鼠标选购要求如表 5-4 所示。

表 5-4 鼠标选购要求

参数类型	参数要求
产品定位	经济实用
价格范围	150~300 元
工作方式	光电
鼠标大小	普通
连接方式	有线
鼠标接口	USB

在中关村在线平台选择鼠标的搜索条件（包括品牌、适用类型、鼠标大小、分辨率、连接方式、接口、人体工学、工作方式等），如图 5-37 所示。

鼠标高级搜索

鼠标品牌	□ 双飞燕	□ 雷柏	□ 海盗船	□ 达尔优	□ 富勒	□ 红火牛	□ 血手幽灵
	□ 新贵	□ 虹龙	□ 异极	□ 森松尼	□ 钛度	□ 硕美科	□ 雷蛇
	□ 赛睿	□ 罗技	□ 英菲克	□ 樱桃			
鼠标价格	□ 39元以下	□ 40-59元	□ 60-99元	☑ 100-199元	☑ 200-399元	□ 400元以上	
适用类型	□ 竞技游戏	□ 商务舒适	☑ 经济实用	□ 移动便携	□ 时尚个性		
鼠标大小	□ 大鼠 (≥120mm)	□ 普通鼠 (100-120mm)	□ 小鼠 (≤100mm)				
最高分辨率	□ 16000dpi及以上	□ 12000dpi	□ 8200-10000dpi	□ 6200-8000dpi	□ 4500-6000dpi	□ 3200-4000dpi	□ 2100-3000dpi
	□ 2000dpi	□ 1800dpi及以下					
连接方式	☑ 有线	□ 无线	□ 蓝牙	□ 多连	□ 双模式 (有线+无线)		
鼠标接口	☑ USB接口	□ PS/2接口	□ USB+PS/2双接口				
人体工学	□ 右手设计	□ 对称设计	□ 左手设计				
工作方式	□ 激光	☑ 光电	□ 蓝光	□ 针光	□ 无孔	□ 蓝影	
滚轮方向	□ 四向滚轮	□ 触控滚轮					
传输频率	□ 400ms	□ 8ms	□ 500ms	□ 1000ms	□ 100ms	□ 250ms	□ 1ms
	□ 2ms	□ 5.8GHz	□ 2.4GHz				
分辨率可调	□ 三档及以下	□ 四档	□ 五档	□ 六档及以上			

图 5-37　鼠标选购条件

筛选后得到罗技与雷柏的 3 款鼠标产品，如图 5-38 所示。

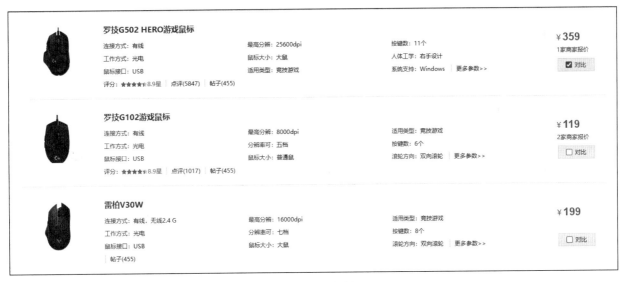

图 5-38　鼠标结果

★★互动分享★★

　　请发表自己的看法，谈谈喜欢哪一款鼠标，为什么喜欢它？

任务 5-5　选购键盘

　　每个人的手形、手掌大小都不相同，因此在选购键盘时，不仅需要考虑功能、外观和做工等方面，更应该在实际购买时试用产品，从而找到适合自己的键盘。

1. 对比键盘性能指标

以下列举了几款键盘产品，其价格对比如图 5-39 所示。

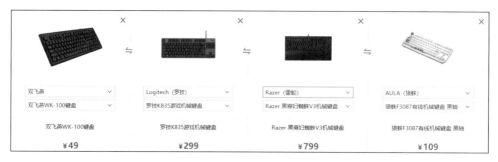

图 5-39　键盘价格对比

图 5-40 为这几款键盘的参数对比，主要包括产品定位、接口、键盘布局等。

基本参数				
上市时间	2012年04月			
产品定位	超薄键盘	游戏键盘，机械键盘	机械键盘，游戏键盘	机械键盘，游戏键盘
连接方式	有线	有线	有线	有线
键盘接口	USB	USB	USB	Type-C
按键数	104键	87键	106键	87键
键盘布局	全尺寸式	紧凑式	全尺寸式	全尺寸式
接收范围		10m		
无冲键盘			全键盘无冲突	全键盘无冲突
技术参数				
轴体	火山口架构	机械轴（红轴），机械轴（青轴）	机械轴	机械轴（黑轴），机械轴（青轴），机械轴（茶轴），机械轴（红轴）
按键行程	中		中	中
按键寿命	1000万次	5000万次	8000万次	
人体工学	支持	支持	支持	支持
防水功能	支持			
多媒体快捷键		支持	支持	支持
掌托			一体	
背光功能			支持	支持

图 5-40　键盘参数对比

2. 键盘选购技巧

1）连接方式

键盘的连接方式主要分为有线型和无线型。一般商务办公、游戏用户多数选择有线型键盘，通过 USB 或 PS/2 接口接入计算机。也有很多用户选择无线型键盘，可以省去线的约束，但无线型键盘需要另外安装电池，选择这种键盘时最好选择有自动断电功能的。

2）外观设计

键盘虽然很常见，但因为厂家不一，设计出来的外形也各有千秋。做工的好坏直接影响键盘的使用寿命。好的键盘除了在外观上有诱惑力，还需要考虑小键盘的造型、刀工、平滑度等。有些具有防水功能的、超薄的键盘在市场上也广受欢迎，它们的特点是键程短小，反应迅速，而且一般占用空间小，时尚亮丽。

3）体积大小

有些键盘的体积较小，适合笔记本、pad、超级本、手机等设备，手指较小的人可以使用。而体积较大的键盘多数用于台式计算机，手指较大的人可以使用。对于一些非常个性化的键盘，市面上也许不是很多，但是它们是针对有特别用途的用户设计出来的。

4）机械键盘轴的选择

不同的机械键盘轴是为了满足不同用户的相应需求。

各种机械键盘轴的适用情况如下。

黑轴：适合玩游戏、打字（指力太弱则不推荐）。

青轴：最适合打字。

茶轴：兼顾打字和游戏需求，功能平衡。

红轴：除青轴外最适合长时间打字。

白轴：适用进行大量文字输入工作的人。

黄轴：国产的一种轴，相对来说适合玩游戏。

3.键盘选购实战

键盘选购要求如表 5-5 所示。

表 5-5　键盘选购要求

参数类型	参数要求
产品定位	商务舒适
价格范围	300~600 元
连接方式	有线
键盘接口	USB

在中关村在线平台选择键盘的搜索条件（包括品牌、产品定位、连接方式、接口、背光功能等），如图 5-41 所示。

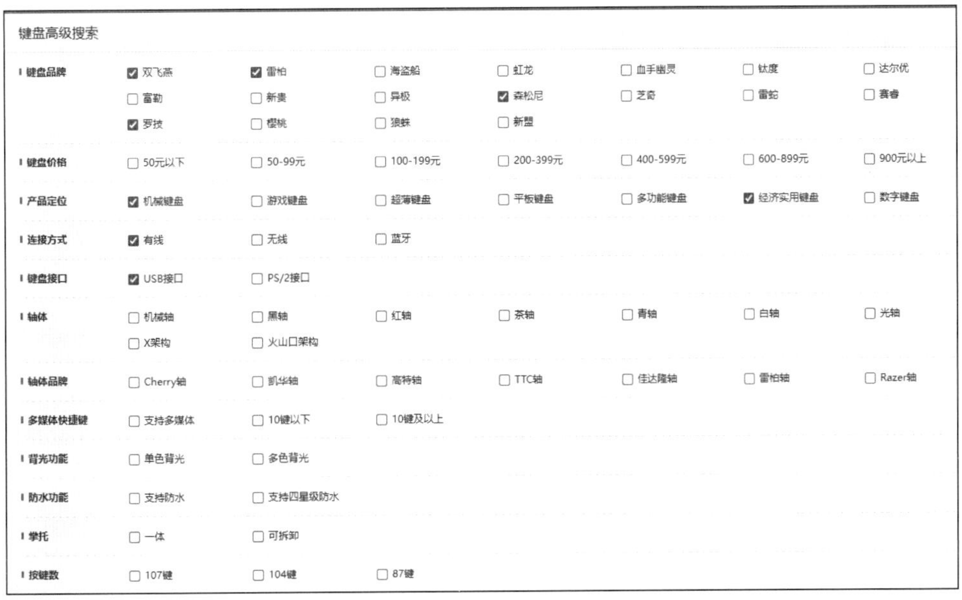

图 5-41　键盘选购条件

筛选后得到雷柏与罗技的 3 款产品，如图 5-42 所示。

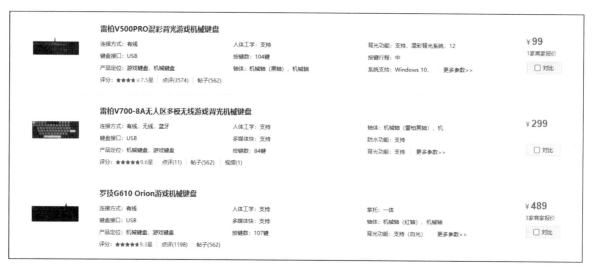

图 5-42 键盘搜索结果

★★ **互动分享** ★★

请选出自己喜欢的键盘，并说说喜欢它的理由。

任务 5-6 选购品牌机

对于家用台式机的用户，如果不是特别懂计算机，买一款品牌台式机还是比较放心、省心的。

1. 对比品牌机性能指标

品牌机的性能可以从价格、操作系统、处理器、存储设备和显示系统等方面来考量。

首先从品牌机的价格方面进行对比，图 5-43 为不同价位的品牌机的价格对比。

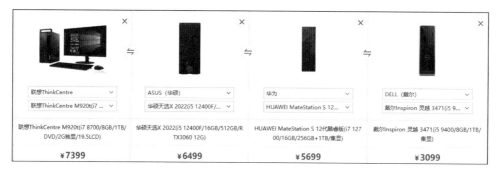

图 5-43 品牌机价格对比

品牌机的基本参数包括产品基本定位（商用、家用）、操作系统（企业版、家庭版）、上市时间等。
图 5-44 为产品基本参数对比。

基本参数				
产品类型	商用电脑	家用电脑	商用电脑	家用电脑，游戏电脑
操作系统	DOS	预装Windows 11 Home Basic 64bit（64位家庭普通版）	预装Windows 11 Home Basic 64bit（64位家庭普通版）	Windows 10 Home（简体中文）
主板芯片组	Intel Q370	—	—	—
上市时间	—	2022年	2022年09月14日	—

图 5-44 产品基本参数对比

处理器的对比主要是其性能参数（系列、型号、主频等）的对比。图 5-45 为品牌机处理器性能参数对比。

处理器				
CPU系列	英特尔 酷睿i7 8代系列	英特尔 酷睿i5 12代系列	英特尔 酷睿i7 12代系列	英特尔 酷睿i5 9代系列
CPU型号	Intel 酷睿i7 8700	Intel 酷睿i5 12400F	Intel 酷睿i7 12700	Intel 酷睿i5 9400
CPU频率	3.2GHz	2.5GHz	2.1GHz	2.9GHz
最高睿频	4.6GHz	4.4GHz	4.9GHz	4.1GHz
总线规格	DMI3 8GT/s	—	DMI3 8GT/s	DMI3 8GT/s
缓存	L3 12MB	L3 18MB	L3 25MB	L3 9MB
核心代号	Kaby Lake	Alder Lake-S	Alder Lake	Coffee Lake
核心/线程数	六核心/十二线程	六核心/十二线程	12核心/20线程	六核心/六线程
制程工艺	14nm	Intel 7（10纳米）	Intel 7（10纳米）	14nm

图 5-45 品牌机处理器性能参数对比

存储设备的参数主要包括内存的大小、频率和机械硬盘的大小、转速，以及固态硬盘的大小和接口类型等。图 5-46 为品牌机存储设备对比。

存储设备				
内存容量	8GB	16（8GB×2）GB	16GB	8GB
内存类型	DDR4 2400MHz	DDR4 3200MHz	DDR4 3200MHz	DDR4 2666MHz
内存插槽	4个DiMM插槽	2个DiMM插槽		
最大内存容量	64GB	64GBGB	16GB	
机械硬盘容量	1TB		1TB	
机械硬盘描述	7200转HDD机械硬盘		HDD机械硬盘	
光驱类型	DVD刻录机			无内置光驱
固态硬盘容量		512GB	256	
固态硬盘描述		PCIe	SSD固态硬盘	
硬盘容量				1TB
硬盘描述				7200转

图 5-46 品牌机存储设备对比

显示系统包括显卡和显示器，其对比项包含显卡类型、显卡芯片、显示器尺寸、网络通信等。图 5-47 为品牌机显示系统对比。

显卡				
显卡类型	独立显卡	发烧级独立显卡	集成显卡	集成显卡
显卡芯片	NVIDIA GeForce GT 730	NVIDIA GeForce RTX 3060 12G		Intel GMA HD 630
显存容量	2GB	12GB	共享内存容量	共享内存容量
DirectX	DirectX 12			DirectX 12
显示器				
显示器尺寸	19.5英寸			
网络通信				
无线网卡	支持802.11b/g/n无线协议	支持802.11ax无线协议	支持双频802.11a/b/g/n/ac (2.4G+5GHz)无线协议	支持802.11b/g/n无线协议
有线网卡	集成网卡	1000Mbps以太网卡		1000Mbps以太网卡
蓝牙	支持蓝牙功能		支持,蓝牙5.1	支持,蓝牙4.0

图 5-47　品牌机显示系统对比

I/O 接口的对比主要是数据接口、音频接口、视频接口、电源接口等型号与数量的对比。图 5-48 为品牌机 I/O 接口对比。

I/O接口				
数据接口	8×USB3.1 Gen1, 2×USB3.1 Gen2	前置面板: 2×USB2.0, 2×USB3.1 后置面板: 2×USB2.0, 2×USB3.1	前置面板: 2×USB3.2 Type-A 后置面板: 2×USB3.2 Type-A, 4×USB2.0 Type-A	4×USB2.0, 2×USB3.1
音频接口	耳机输出接口, 麦克风输入接口	后置面板: 1×音频输入接口, 1×音频输出接口, 1×麦克风输入接口 前置面板: 1×耳机输出接口, 1×麦克风输入接口	前置面板: 1×耳机输出接口, 1×麦克风输入接口 后置面板: 1×音频输出接口, 1×音频输入接口, 1×麦克风输入接口	1×耳机/麦克风两用接口
视频接口	1×VGA, 2×HDMI		1×HDMI, 1×DisplayPort	1×VGA, 1×HDMI
网络接口	RJ45 (网络接口)	1×RJ45 (网络接口)		RJ45 (网络接口)
其它接口	1×电源接口, 2×PS/2, 1×串口	1×电源接口	1×电源接口	电源接口
读卡器	多合1读卡器 (选配)			5合1读卡器
扩展插槽	2×PCIe x16, 1×PCIe, 1×PCI			1×半高PCIe x16, 1×半高PCIe x1

图 5-48　品牌机 I/O 接口对比

品牌机的电源一般都是厂家单独配置的,不会太大,但机箱的类型与颜色有很大的选购空间。另外,最主要的就是保修条款,应了解各个配件的质保时间。图 5-49 为品牌机其他参数对比。图 5-50 为品牌机保修信息对比。

其它参数				
电源	250W电源适配器		300W电源适配器	200W电源适配器
机箱类型	立式	立式	立式	微塔式
机箱颜色	黑色	黑色	黑色	黑色
其它特点	扬声器, 热插拔硬盘仓, 可拆卸防尘盖, 机箱报警开关, 光触媒风扇		华为分享, 华为PC管家, 华为F10一键还原	
散热技术		四热管下压式CPU散热器		

图 5-49　品牌机其他参数对比

保修信息			
保修政策	全国联保, 享受三包服务	全球联保	全国联保, 享受三包服务
质保时间	3年	3年	3年
质保备注	整机3年	主要部件2年, 配件1年, 免费上门服务1年	3年有限硬件保修, 远程诊断后上门服务

图 5-50　品牌机保修信息对比

2. 品牌机选购技巧

1）适用

用户的使用目的不同，对计算机的需求也会有很大不同。用户在选择计算机时，一定要清楚自己的需要，仅用来办公或看电影、听音乐等，无需很高配置。如果是专业人士，则根据工作需要进行选择。例如，进行图像渲染设计的用户，可以选择有较高配置的显示系统。

2）够用

避免购买过高配置的品牌机而造成浪费，或者因品牌机配置不足不能满足需求。

3）耐用

"耐用"针对计算机的可扩展性和升级能力。计算机的升级能力是评价计算机性能的一个重要指标，在配件的选择上，一定要考虑是否可以升级。

3. 品牌机选购实战

品牌机选购要求如表 5-6 所示。

表 5-6　品牌机选购要求

参数类型	参数要求
价格范围	15000~18000 元
CPU 系列	Intel 酷睿 i9 12900K
内存容量	32 GB 或 64 GB
机械硬盘	4 TB 及以上
固态硬盘	1 TB 及以上
显卡类型	"发烧"级独立显卡

在中关村在线平台选择品牌机的搜索条件（包括品牌、价格、类型、CPU 系列、内存容量等），如图 5-51 所示。

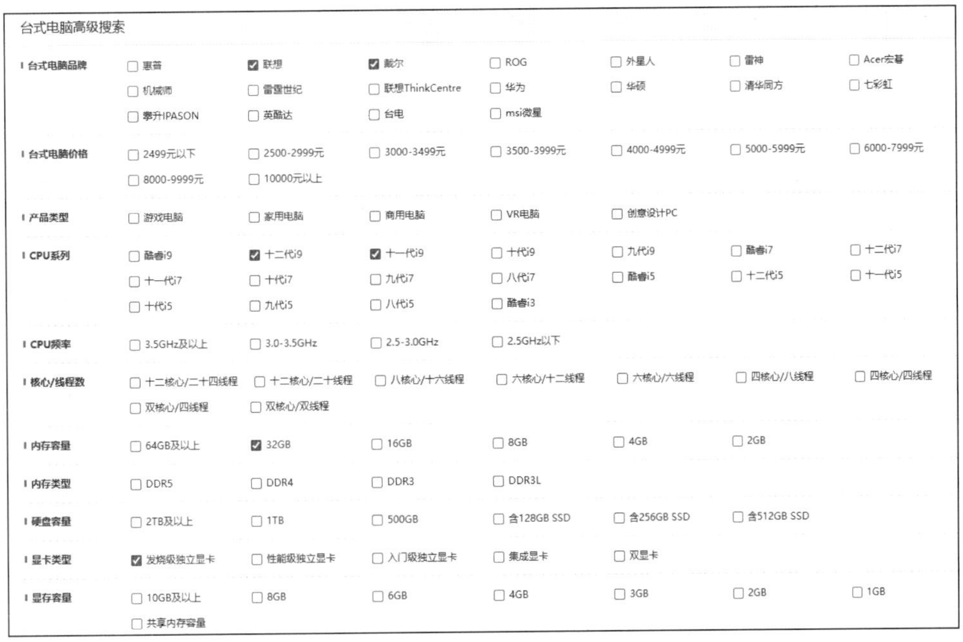

图 5-51　品牌机选购条件

筛选后得到联想和戴尔两个品牌的 3 款产品, 如图 5-52 所示。三款品牌机的基本参数如图 5-53 所示; 处理器对比如图 5-54 所示; 存储设备和显卡对比如图 5-55 所示; 网卡与 I/O 接口对比如图 5-56 所示。

图 5-52　品牌机搜索结果

□ 基本参数			
产品类型	家用电脑	家用电脑	创意设计PC，家用电脑
操作系统	预装Windows 10 Home 64bit（64位家庭版）	预装Windows 11 Home Basic 64bit（64位家庭普通版）	预装Windows 11 Home Basic 64bit（64位家庭普通版）
主板芯片组	Intel Z490	Intel Z690	Z690
产品型号	—	—	XPS 8950
上市时间	—	—	2022年01月

图 5-53　基本参数对比

□ 处理器			
CPU系列	英特尔 酷睿i9 11代系列	英特尔 酷睿i9 12代系列	英特尔 酷睿i9 12代系列
CPU型号	Intel 酷睿i9 11900KF	Intel 酷睿i9 12900KF	Intel 酷睿i9 12900K
CPU频率	3.5GHz	3.9GHz	3.9GHz
最高睿频	5.3GHz	5.2GHz	5.2GHz
总线规格	DMI3 8GT/s	—	—
缓存	L3 26MB	L3 30MB	L3 30MB
核心代号	Rocket Lake-S	Alder Lake	Alder Lake
核心/线程数	八核心/十六线程	十六核心/二十四线程	十六核心/二十四线程
制程工艺	14nm	Intel 7（10纳米）	Intel 7（10纳米）

图 5-54　处理器对比

存储设备			
内存容量	32 (16GB×2) GB	32 (16GB×2) GB	32 (16GB×2) GB
内存类型	DDR4 3200MHz	DDR5 4400MHz	DDR5 4400MHz
内存插槽	4个DiMM插槽	4个DiMM插槽	4个DiMM插槽
硬盘容量	1TB+2TB		
硬盘描述	混合硬盘 (SSD+7200转HDD)		7200转
光驱类型	无内置光驱	无内置光驱	DVD刻录机
最大内存容量		128GB	128GB
固态硬盘容量		1TB	1TB
固态硬盘描述		SSD固态硬盘	SSD固态硬盘
显卡			
显卡类型	发烧级独立显卡	发烧级独立显卡	发烧级独立显卡
显卡芯片	NVIDIA GeForce RTX 3080	NVIDIA GeForce RTX 3080	NVIDIA GeForce RTX 3070
显存容量	10GB	10GB	8GB
DirectX	DirectX 12	DirectX 12	DirectX 12

图 5-55　存储设备和显卡对比

网络通信			
无线网卡	Intel AX200，支持802.11ax无线协议	支持802.11ax无线协议	Killer AX1650i，支持802.11ax协议
有线网卡	1000Mbps以太网卡	2.5Gbps以太网卡	1000Mbps以太网卡
蓝牙	支持蓝牙功能	支持，蓝牙5	支持蓝牙功能
I/O接口			
数据接口	2×USB3.0, 2×USB3.1, 4×USB2.0, 1×USB3.1, 1×USB3.1 Type-C	2×USB3.0, 7×USB3.2, 4×USB2.0, 1×USB3.1, 1×USB3.2 Type-C	2×USB2.0, 5×USB3.2, 2×USB3.2 Type-C
音频接口	1×耳机输出接口, 1×麦克风输入接口	1×耳机输出接口, 1×麦克风输入接口, 7.1声道音频接口	耳机/麦克风两用接口, 耳机输出接口, 麦克风输入接口
视频接口	1×HDMI, 3×DisplayPort	1×HDMI, 3×DisplayPort	1×DisplayPort1.4
网络接口	RJ45 (网络接口)	RJ45 (网络接口)	1×RJ45 (网络接口)
其它接口	电源接口	电源接口	1×电源接口
读卡器			SD读卡器

图 5-56　网卡与 I/O 接口对比

★★ 互动分享 ★★

请同学们对上面 3 款品牌机的优缺点发表自己的看法。

拓展训练

训练要求

以组为单位，利用现有知识，根据中关村在线平台提供的各产品的价格及性能参数，制定配置商务办公型（Intel 和 AMD 各一套）计算机和游戏娱乐型（Intel 和 AMD 各一套）计算机的方案。

训练思路

本实训内容主要包括查询产品型号、价格、性能参数以及完成配置表。

训练提示

请同学们完成计算机硬件配置表（见表 5-7），注意商务办公型配置方案与游戏娱乐型配置方案在配置内容上的区别，请自行思考。

表 5-7　计算机硬件配置表

序号	硬件配置		单价	数量	小计（¥）
	名称	规格 / 型号			
1	处理器				
2	主板				
3	内存				
4	机械硬盘				
5	固态硬盘				
6	显卡				
7	电源				
8	CPU 散热器				
9	机箱				
10	显示器				
11	键盘				
12	鼠标				
金额总计（¥）					

项目 6

组装计算机

项目导入 ▶

本项目通过组装一台完整的计算机，让学习者对计算机的外部设备及其与主机的连接、主机内各部件的位置与连接形成更直观的印象。

学习目标 ▶

知识目标

（1）了解拆机注意事项。

（2）了解装机注意事项。

（3）熟悉计算机硬件组装流程。

能力目标

（1）能够掌握拆机、装机工具的使用。

（2）能够掌握正确拆卸计算机的外部设备、主机及内部部件的方法。

（3）能够掌握连接和整理主机机箱内部线缆的方法。

（4）能够掌握开机测试的方法。

素养目标

（1）在实践环节锻炼团队协作能力，提升参与团队协作的积极性和主动性。

（2）掌握正确的认识论和方法论，培养求真务实、开拓进取的精神，培养批判性思维和创新意识。

任务 6-1 准备工作

在组装计算机之前进行准备工作是十分必要的。充分的准备工作可以确保组装过程顺利完成，并在一定程度上提高组装的效率和质量。

1. 需要的工具

组装机器所需工具及配件如下。

1）操作台

计算机桌一张，桌面要求平整、无任何杂物。操作台上最好有电源插座，方便安装完成后进行通电测试。

2）装机所用工具

（1）螺丝刀（见图6-1）。台式计算机硬件的螺丝钉大都是十字的，但主板和机箱的安装需要螺丝刀具有磁性以便定位螺丝。十字螺丝刀用于拆卸计算机中的螺丝钉。一字（平口）螺丝刀用于拆卸机箱的各种挡板、包装盒、散热器等。选择带磁性的螺丝刀的原因主要是为了在拆卸螺丝时能将螺丝吸住，以免螺丝掉进主机中狭小的空间里，留有隐患。如果螺丝掉进机箱内用手很难取出时，可用带磁性的螺丝刀将其吸取出来。

（2）尖嘴钳（见图6-2）。有些设备的材质比较硬，需要尖嘴钳助力。同时在拆卸各种挡板或挡片时，也需要用尖嘴钳来拧开一些比较紧的螺丝。

（3）导热膏（见图6-3）。导热膏是用来填充CPU与散热片之间的空隙的一种材料。其作用是向散热片传导CPU散发出来的热量，使CPU温度保持在一个可以稳定工作的水平，防止CPU因为散热不良而损毁，延长其使用寿命。

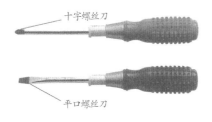

十字螺丝刀

平口螺丝刀

图6-1 螺丝刀

图6-2 尖嘴钳

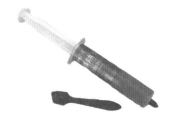

图6-3 导热膏

（4）镊子。镊子用来拔主板或硬盘上的跳线或者夹取各种螺丝。

（5）器皿。计算机在拆卸时，会拆下各种规格的螺丝及小零件，如果随意摆放会造成很多不便或使其丢失，所以需要准备一个器皿来存放螺丝和小零件。

2. 主要配件

组装计算机的主要配件包括主板、CPU、CPU散热器、内存条、显卡、硬盘、机箱、电源、键盘、鼠标、数据线、电源线等，螺丝一般由主板厂商提供。

3. 注意事项

组装计算机时务必注意以下问题，稍有不慎就有可能对计算机造成损害。

（1）在开始组装前，要特别小心人体带来的静电，以免损伤精密的电子元件和集成电路。为预防静电，可先用手触摸铁制物品，或用湿毛巾擦拭手掌。

（2）在组装过程中，务必轻拿轻放各个配件，对不熟悉安装方法的配件，要仔细查阅说明书，绝不可粗暴装卸。安装需要螺丝钉固定的配件时，安装前务必检查其是否对准位置，否则可能导致板卡变形、接触不良等问题。同时，安装带有针脚的配件时也要特别注意是否安装到位，避免针脚断裂或变形。

（3）在进行部件的线缆连接时，一定要注意插头和插座的方向。通常它们都配有防误插设计，如缺口、倒角等，只需留意这些设计，就可以避免错误插拔。插头和插座一定要完全插入，以确保接触良好。如果方向正确但插不进去，应修整插头，因为电源插头常常带有残留毛边，会导致插入困难。此外，不要抓住线缆拔插头，以免损坏线缆。

任务 6-2 主板部分安装

计算机上的所有硬件设备都要安装在主板上才能正常工作，有些设备需要先安装在主板上再放在机箱中，而有些设备需要在主板放到机箱后再进行安装。

1. 安装 CPU 和 CPU 散热器

主板部分的安装从 CPU 的安装开始。对于 CPU 而言，市场上主要有两种品牌（AMD 和 Intel）。因技术和设计理念不同，两种品牌的 CPU 从外形到安装方式都有很大不同。图 6-4 是 AMD 插槽的主板，图 6-5 是 Intel 插槽的主板。

图 6-4 AMD 插槽主板

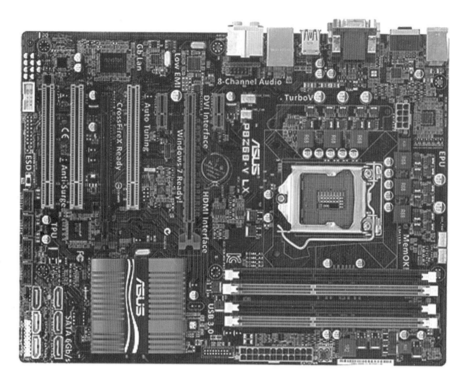

图 6-5　Intel 插槽主板

1）安装 CPU

仔细观察两种主板 CPU 插座的不同，安装好对应的 CPU。

2）安装 CPU 散热器

CPU 在工作的时候会产生大量的热，如果不将这些热量及时散发出去，轻则导致死机，重则可能烧毁 CPU。CPU 散热器（见图 6-6）就是用来为 CPU 散热的。散热器对 CPU 的稳定运行起着决定性的作用，组装计算机时选购一款好的散热器非常重要。

图 6-6　CPU 原厂散热器

（1）安装散热器底座。散热器底座的主要作用是将 CPU 散热器的扣具固定在计算机上。CPU 散热器底座一般随散热器一同购买和安装，但要注意与主板的孔位和 CPU 功率相匹配。

（2）涂抹导热膏。导热膏不要涂抹过多，起到导热效果即可，不必涂满 CPU 整个背面，如图 6-7 所示。

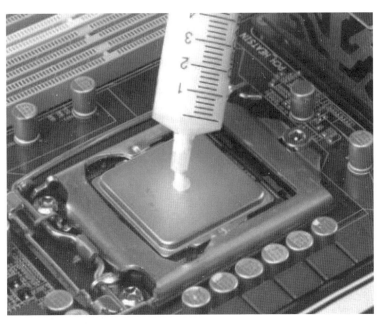

图 6-7　涂抹导热膏

（3）安装散热器。使用螺栓固定散热器时不宜将螺栓固定得太紧，容易压坏 CPU。螺栓固定的散热器（见图 6-8）自带底座，初装时需要拆下主板，单独安装。它比较牢固，新手较易掌握安装方法。使用扣具固定的散热器不会有压坏 CPU 的顾虑，且这种散热器不需要底座。但因其材质是塑料的，极易损坏，初学者在安装时要特别注意安装方向、下压力度及扣具状态。Intel 中央处理器的原厂散热器大多为塑料材质，如图 6-9 所示。

图 6-8　螺栓固定的散热器

图 6-9　塑料材质散热器

（4）固定散热器。固定散热器时，一定要保证 CPU 底座四个角的压力一致且紧固。图 6-10 是水冷散热器的安装效果，图 6-11 是热管散热器的安装效果，图 6-12 是风冷散热器的安装效果。

图6-10　水冷散热器安装效果

图6-11　热管散热器安装效果

图6-12　风冷散热器安装效果

（5）安装散热器电源。对于风冷式的散热器，在安装好散热器以后，还需要安装CPU散热器风扇电源，如图6-13所示。此接口（见图6-14）一般在CPU附近的主板上。此电源可带动扇叶转动加速CPU热量的挥发。

图6-13　安装CPU散热器风扇电源

图6-14　CPU-FAN（4针插座）

2. 安装内存条

（1）找到内存插槽的位置（一般位于CPU旁边），用手将内存插槽两端的扣手轻轻扳开。

（2）打开内存条的外包装，检查一下内存条是否损坏，然后找准内存条上的凹陷位置，并与主板上的凸出位置进行比对，以确定安装的方向，如图6-15所示。注意，内存条的方向是根据内存条中间的凹陷位置来确定的。每个主板的内存插槽都有防呆设计，不要使用蛮力。

图6-15　内存条安装方向

（3）将内存条插入内存插槽中，向下按压，用力一定要适度，直至插槽两端的扣手自动弹起来。如果要安装两个内存条，注意将其安装在主板上颜色相同的内存插槽中，这样可以激活主板的双通道内存技术，如图 6-16 所示。

图 6-16　双通道内存

3. 安装 M.2 接口的固态硬盘

如果有 M.2 接口的固态硬盘（见图 6-17），可以安装在主板对应接口上（见图 6-18），然后将散热板安装并固定好。

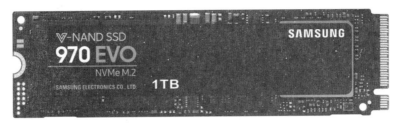

图 6-17　M.2 接口固态硬盘

图 6-18　主板上 M.2 接口

任务 6-3　机箱部分安装

电源一般在安装主板前安装，而硬盘、显卡等比较大的硬件必须等主板安装进机箱后，才能进行安装。

1. 安装电源

电源上置（见图 6-19）、下置（见图 6-20）的安装效果不相同。电源上置一般用来辅助机箱内部散热，适用于配置较低的计算机。电源下置适用于高性能主机，其显卡和 CPU 的配置较高，机箱内部温度很高，电源上置则无法达到电源内部元器件的散热要求。

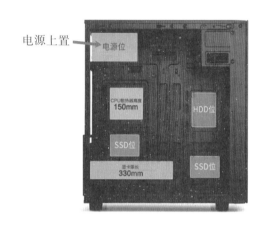

图 6-19　电源上置的机箱结构

图 6-20　电源下置的机箱结构

电源主要有主板供电、CPU 供电、硬盘供电、大 4pin（插针或管脚）供电、小 4pin 供电、显卡供电等接头。供电线的接头一般为防呆设计。CPU 电源接口容易接错，若接成备用供电，将导致开不了机。

整理电源走线时，若不用走背线，机箱的接线能很快接好。走背线是一项精细的工作，因为涉及线材怎么整理才能在美观的同时还可以接到主板、显卡、硬盘等硬件上，这需要花费很长的时间和精力。走背线不但可以使机箱内部美观，更关键的是可以让机箱内部拥有良好的散热环境。

走背线的必要条件如下。

（1）支持下置电源的机箱。

（2）机箱背板配备充裕的走线孔和理线夹，线路长度大于 60 cm。

（3）背线机箱主板托盘后方的空间宽度要在 1.5~3 cm 之间，以便更加轻松地容纳多余的线材。

2. 安装主板

（1）大部分主板的板型为 ATX 或 MATX 结构，因此机箱的设计一般都适用于这两种板型。在安装主板之前先将机箱提供的主板垫脚螺母（六脚铜柱，见图 6-21）安装到机箱主板托架的对应位置，所用垫脚螺母的高度要一致，保证主板呈水平角度，如图 6-22 所示。

（2）双手平行托住主板，将主板放入机箱中。

（3）用螺丝将主板固定在机箱内，注意螺丝不可拧得太紧，因为主板上的螺丝孔位（见图 6-23）连接着主板内部的电路，拧得太紧容易压迫主板造成主机重启。

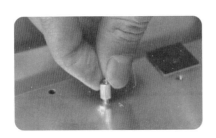

图 6-21　六脚铜柱

图 6-22　主板铜柱定位

图 6-23　主板螺丝孔位

3. 安装显卡

先将机箱挡板拆下，打开主板显卡插槽卡扣（见图 6-24），将显卡安装到主板上，用手轻握显卡两端，垂直对准主板上的显卡插槽，向下轻压到位后，再用螺丝固定即可。

图 6-24　主板显卡插槽及卡扣

4. 安装硬盘

将硬盘放到机箱相应仓位上，用螺丝固定好，不可松动。图 6-25 为机械硬盘仓位。图 6-26 为固态硬盘仓位。

图 6-25　机械硬盘仓位

图 6-26　固态硬盘仓位

任务 6-4　**主机线路安装**

1. 主板电源线路安装

主要内部设备安装完成后，需要进行电源线路部分的安装。计算机所需要的"能量"通过电源转换后，由不同类型的接口输出到计算机的各个部分。电源接口分为模组和非模组两种，常见的电源接口为非模组接口，如图 6-27 所示。下面以非模组电源为例，讲解电源线路的安装。

图 6-27　非模组电源接口

1）主板供电插头

最大的 24pin（20+4）插头是电源给主板供电的插头（见图 6-28），与之对应的是主板上的供电插座，如图 6-29 所示。

图 6-28　电源的主板供电插头

图 6-29　主板上的电源供电插座

2）CPU 供电插头

4pin 方形插头（见图 6-30）是专门给 CPU 供电的插头，与之对应的是主板上的 4pin 插座（见图 6-31）。高端主板给 CPU 供电的是 8pin 的长方形插头（见图 6-32），与之对应的是主板的上的 8pin 插座（见图 6-33）。

图 6-30 CPU 供电 4pin 插头

图 6-31 主板上的 CPU 供电 4pin 插座

图 6-32 CPU 供电 8pin 插头

图 6-33 主板上的 CPU 供电 8pin 插座

3）硬盘及光驱供电插头

扁平插头是给 SATA 接口的设备供电的，主要包括硬盘、光驱等。SATA 硬盘供电插头如图 6-34 所示。

4）显卡独立供电插头

6pin 黑色插头是给独立显卡供电的大功率电源插头。显卡供电插头与插座如图 6-35 所示。

图 6-34 SATA 硬盘供电插头

图 6-35 显卡供电插头与插座

注意： 所有主板供电的接口均采用了防呆式的设计，只有按正确的方法才能插入。通过仔细观察会发现在主板供电接口的一面有一个凸起的卡扣，而在电源供电接口的一面也采用了同样的设计。这样设计一方面可防止用户插反，另一方面也可以使两个接口更加牢固地安装在一起。

2.前置面板部分线路安装

1）连接前置面板的音频线

在主板的边缘位置找到标有"AUDIO"字母的接口，将机箱的音频插头（见图6-36）插入主板的对应接口即可。正常开机后就可以使用机箱前置的音频接口连接耳机和音箱等音频设备。

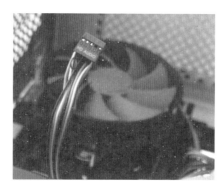

图6-36　AUDIO 插头

2）连接前置面板的普通 USB 线和 USB 3.0 线

USB 技术是应用在 PC 领域的接口技术。USB 接口支持设备的即插即用和热插拔。USB 技术是在 1994 年底由英特尔、康柏、IBM、Microsoft 等多家公司联合提出的。USB 1.0 在 1996 年推出，速度只有 1.5 MB/s；两年后升级为 USB 1.1，速度也大幅提升到 12 MB/s，至今在部分旧设备上还能看到这种接口；2000 年 4 月，广泛使用的 USB 2.0 推出，速度达到 480 MB/s，是 USB 1.1 的 40 倍；如今，USB 2.0 的速度早已无法满足应用需要，USB 3.0 应运而生，其最大传输带宽高达 5.0 GB/s，同时在使用 Type-A 型的接口时向下兼容。

USB 设备之所以会被大量应用，主要是因为其具有以下优点。

（1）可以热插拔。用户在使用外接设备时，不需要重复"关机→将并口或串口电缆接上→再开机"这样的动作，而是在计算机工作时，直接就可以将 USB 电缆（设备）插上使用。

（2）携带方便。USB 设备大多以"小、轻、薄"见长，对用户来说，同样 20 GB 大小的硬盘，USB 硬盘的重量要比 IDE 硬盘轻一半。

（3）标准统一。大家以前常见的是 IDE 接口的硬盘、串口的鼠标与键盘、并口的打印机与扫描仪，可是有了 USB 之后，这些应用外设都可以用同样的标准与个人计算机连接，如 USB 硬盘、USB 鼠标、USB 打印机等。

（4）可以连接多个设备。USB 在个人计算机上往往具有多个接口，可以同时连接几个设备，如果接上一个有 4 个端口的 USB 集线器，就可以再连上 4 个 USB 设备，以此类推，将家庭的众多设备都同时连在一台个人计算机上也不会有任何问题（理论上最高可连接 127 个设备）。

连接前置面板的普通 USB 线、USB 3.0 线如图6-37 和图6-38 所示。

图 6-37　连接前置面板的普通 USB 线

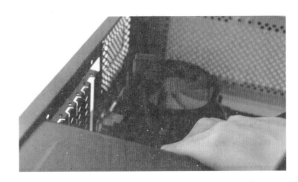

图 6-38　连接前置面板的 USB 3.0 线

3）连接机箱信号线和控制线

主板上提供前置面板功能的控制接口一般在主板的右下角，如图 6-39 所示。不同厂家、不同型号的主板在接口处所标注的接口标识也不尽相同，此处将主板上常见的标识整理如下，方便大家在安装信号线和控制线时参考。

扬声器标识：SP、SPK 或 SPEAK。

硬盘指示灯标识：HD、H.D.D LED。其信号线如图 6-40 所示。

电源开机指示灯标识：PWLED、PWRLED 或 POWER LED。其信号线如图 6-41 所示。

电源开机按键标识：PWR、PW、PWSW、PS 或 POWER SW。电源开机按键控制线如图 6-42 所示。

复位、重启按键标识：RS、RE、RST、RESET 或 RESET SW。复位、重启按键控制线如图 6-43 所示。

注意： 一般彩色线缆为正极，黑白线缆为负极。

安装时，按照图 6-44 所示步骤安装即可。

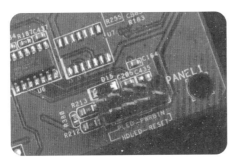

图 6-39　主板上提供前置面板功能的控制接口

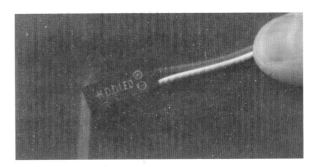

图 6-40　硬盘指示灯信号线

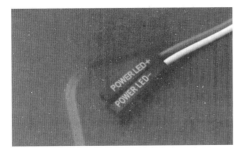

图 6-41　电源开机指示灯信号线

图 6-42　电源开机按键控制线

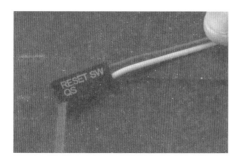

图 6-43　复位、重启按键控制线

图 6-44　机箱信号线与控制线连接步骤

3. 连接硬盘的数据线

无论是固态硬盘还是机械硬盘，大多是 SATA 标准的数据接口，如图 6-45 所示。此种接口的两端是一样的，安装时，对准方向就可成功插入。硬盘端 SATA 数据接口的连接步骤如图 6-46 所示。

图 6-45　主板端 SATA 数据接口　　　　图 6-46　硬盘端 SATA 数据接口的连接步骤

任务 6-5　外部设备安装

在解决计算机机箱内部的安装问题后，还需要将其与其他外部设备连接，计算机才能正常工作。

高端的主板外部接口扩展性较强，搭载了 DP（DisplayPort）接口、USB 2.0 与 USB 3.0 接口、RJ-45 接口、音频接口、光纤接口、HDMI 接口、Type-C 接口等，如图 6-47 所示。

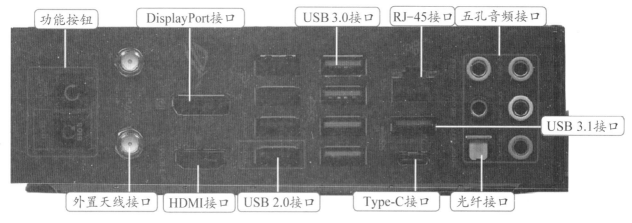

图 6-47　计算机外部设备接口

1. 连接键盘、鼠标

键盘和鼠标的有线连接接口有两种：一种是 PS/2 接口，有两种颜色，紫色的为键盘接口，绿色的为鼠标接口，根据方向准确连接就可以；另一种是 USB 接口，接口没有颜色区别，只需要看准方向即可连接。

注意： 技术的提升使得用户又多了一种对键盘和鼠标的连接方式，即无线方式。只需要将接收器插入 USB 接口即可完成连接，但请注意，接收器为一对一的无线连接方式，一旦接收器损坏，无线键盘或鼠标将无法连接。

2. 连接显示器数据线

显示器数据线的接口有 VGA（见图 6-48）、DVI（见图 6-49）、HDMI（见图 6-50）、DP（见图 6-51）等不同接口，使用时将数据线两侧分别连接到显示器和机箱上对应的接口即可。显示器接口端如图 6-52 所示。

此处需要注意，如果计算机已经配备了独立显卡，需要将线缆连接到独立显卡的接口上。因为安装独立显卡的计算机，主板上的集成显卡接口将自动屏蔽，如果将线缆连接在主板的显示接口上，将不会有任何画面显示。

图 6-48 VGA 接口

图 6-49 DVI 接口

图 6-50 HDMI 接口

图 6-51 DP 接口

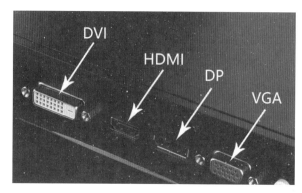

图 6-52 显示器接口端

3. 连接主机电源线和显示器电源线

主机和显示器的电源线接口为梯形接口，如图 6-53 所示。连接时调整好方向，用力插入接口，另一端与电源插座相连。电源线缆连接时务必用力插紧，以防止电源松动引起突然关机、重启和无法开机等故障。另外，长期电压不稳容易将机器的变压电路烧毁。

图 6-53 主机和显示器电源线接口

4. 开机测试

开机测试前，用户应该将所有的设备安装完成，然后接上电源，检查有无异常，具体操作步骤如下。

1）重新检查

重新检查所有连接的地方有无错误和遗漏。

2）按下机箱的电源开关

按下机箱开关可以看到电源指示灯亮起，硬盘指示灯闪烁，显示器显示开机画面并进行自检，到此表明硬件组装成功。假如开机加电测试时没有任何报警声，也没有一点其他反应，则应该重新检查各个硬件的插接是否紧密、数据线和电源线是否连接到位、供电电源是否有问题、显示器信号线是否连接正常等。

3）测试后关闭

待计算机通过开机测试后，切断所有电源。使用捆扎带对机箱内部所有连接线进行分类整理并固定。整理连接线时应注意，尽量不要让连接线触碰到散热片、CPU 风扇和显卡风扇。

4）安装挡板

所有工作完成后，将机箱挡板安装到机箱上，拧紧螺钉即可。

拓展训练

训练要求

以组为单位，拆卸和组装一台完整的计算机，并对整个过程进行评价，且制作 PPT 分组进行汇报。

训练思路

本实训的内容主要包括拆卸计算机和组装计算机。

1. 拆卸计算机

（1）拆除连接线。关闭电源开关，拔下主机箱上的电源线，在机箱后侧将一些连接线的插头直接向外水平拔出，包括键盘线、鼠标线、主电源线、USB 线、音箱线、网线和显示器数据线等。

（2）拆卸机箱。操作如下。

①拧下机箱的固定螺钉，取下机箱的两个侧面板。

②打开机箱盖后，先用螺钉旋具拧下条形窗口上固定插卡的螺钉，再用双手捏紧板卡的上边缘，平直地向上拔出板卡。

③拆卸板卡后需要拔下硬盘的数据线和电源线，并拧下两侧固定驱动器的螺钉，将硬盘抽出。

④将插在主板电源插座上的电源插头、CPU 散热器电源插头和主板与机箱面板按钮的连线插头等拔下。

⑤取下内存条。

⑥拆卸 CPU 散热器，并将 CPU 插槽旁边的 CPU 固定拉杆拉起，捏住 CPU 的两侧，小心地将 CPU 取下。

⑦拆卸固态硬盘上覆盖的散热片，并取出固态硬盘，装回散热片。

⑧拧下固定主板的螺钉，将主板从主机箱中取出来。

⑨拧下固定主机电源的螺钉，再握住电源将其向后抽出机箱。

2. 组装计算机

（1）安装机箱内部的各种硬件，操作如下。

①安装 CPU、CPU 散热器（原装）和 CPU 散热器支架。

②将内存安装到主板上。

③拆卸机箱，为机箱安装主板底座螺栓，并将主板安装到机箱中。

④将电源安装到对应的位置。

⑤将固态硬盘（SATA 接口）和机械硬盘安装到驱动器支架上。

⑥拆卸主板背部的挡片，安装独立显卡。

（2）连接机箱内的各种线缆，操作如下。

①连接主板的电源线、CPU 散热器电源线和主板的辅助电源线。

②连接显卡的电源线。

③连接前置面板的 USB 连接线和音频线。

④连接 POWER LED、POWER SW、H.D.D LED 和 RESET SW 跳线。

⑤连接固态硬盘和机械硬盘的数据线和电源线。

（3）连接主要的外部设备，操作如下。

①盖上机箱。

②将电源线和数据线的一端连接到显示器上，另一端连接电源插座和显卡。

③将键盘和鼠标连接到主板扩展插槽中。

④将电源线的一端连接到主机，另一端连接电源插座。

⑤通电自检。

项目 7

了解 BIOS

项目导入 ▶

在对计算机的硬件设备和组装方法有了一定认识后，接下来将进行计算机软件部分的学习。在接通电源启动计算机后，需要进行 BIOS 设置，以便后续安装操作系统。可以说 BIOS 是计算机开机以后第一个要执行的软件。

学习目标 ▶

知识目标

（1）了解 BIOS 的功能和种类。

（2）了解 BIOS 固件中的主要设置项及其含义。

能力目标

（1）学会对传统 BIOS 进行设置。

（2）学会对 UEFI BIOS 进行设置。

素养目标

（1）技术和工作环境的变化具备灵活性，加强不断适应新技术带来的新变化的能力。

（2）培养解决实际问题的能力，根据现象找问题，能够根据提示解决问题。

（3）志存高远，树立远大的目标，不断追求在计算机领域的进一步发展与突破。

任务 7-1　认识 BIOS

在 IBM PC 兼容系统上，BIOS 是一种业界标准的固件接口。BIOS 是个人计算机启动时加载的第一个软件。

1. 什么是 BIOS

BIOS 是一组固化到计算机内主板上的一个 ROM 芯片上的程序，它保存着计算机最重要的基本输入输出程序、系统设置信息、开机后自检程序和系统自启动程序。其主要功能是为计算机提供最底层的、最直接的硬件设置和控制。

2.BIOS 的主要功能

BIOS 的主要功能可以分为以下 3 个部分。

1）自检及初始化

这部分 BIOS 负责启动计算机，具体有如下 3 个功能。

第一个功能用于计算机刚接通电源时对硬件部分的检测，叫作上电自检（POST）。通常完整的 POST 包括对 CPU、基本内存、1 MB 以上的扩展内存、ROM、主板、CMOS 存储器、串并口、显卡、硬盘子系统及键盘的检测，一旦在自检中发现问题，系统将给出提示信息或鸣笛警告。自检中如发现有错误，将按两种情况处理：对于严重故障（致命性故障）则停止启动，此时由于各种初始化操作还没完成，不能给出任何提示或信号；对于非严重故障则给出提示或声音报警信号，等待用户处理。

第二个功能是初始化，包括创建中断向量、设置寄存器、对一些外部设备进行初始化和检测等。其中很重要的一部分是对硬件设置参数的检测，当计算机启动时会读取这些参数，并和实际的硬件设置进行比较，如果不符合，会影响系统的启动。

第三个功能是引导程序，引导 DOS（磁盘操作系统）或操作系统。BIOS 先从硬盘的开始扇区读取引导记录，如果没有找到，则会在显示器上显示没有引导设备，如果找到引导记录，则会把计算机的控制权转给引导记录，由引导记录把操作系统载入计算机。计算机启动成功后，BIOS 的这部分任务就完成了。

2）程序服务处理

程序服务处理程序主要为应用程序和操作系统服务，这些服务主要与输入输出设备有关，如读磁盘、输出文件到打印机等。为了完成这些操作，BIOS 必须直接与计算机的输入输出设备打交道，它通过端口发出命令，向各种外部设备传送数据和从外部设备接收数据，使程序能够脱离具体的硬件操作。

3）硬件中断处理

硬件中断处理是为了处理 PC 硬件的需求。BIOS 的服务功能是通过调用中断服务程序来实现的，这些服务分为很多组，每组有一个专门的中断。例如，视频服务的中断号为 10H；屏幕打印的中断号为 05H；磁盘及串行口服务的中断号为 14H 等。每一组又根据具体功能细分为不同的服务号。应用程序需要使用哪些外设、进行什么操作只需要在程序中用相应的指令说明即可，无须直接控制。

另外需注意，BIOS 设置不当会直接损坏计算机的硬件，甚至烧毁主板，建议不熟悉者慎重修改设置。用户可以通过设置 BIOS 来改变各种不同的硬件设置参数，如集成显卡的内存大小。所有的操作系统都由 BIOS 转交给引导扇区，再由引导扇区转到各分区并激活相应的操作系统。

3. BIOS 的种类

BIOS 主要分为传统的 BIOS 和 UEFI BIOS 两大类，其中传统的 BIOS 主要有 AMI BIOS 和 Phoenix-Award BIOS 两种品牌。

1）传统的 BIOS

（1）AMI BIOS（见图 7-1）。AMI BIOS 是 AMI 公司生产的 BIOS，开发于 20 世纪 80 年代中期，占据了早期台式计算机的市场，286 和 386 计算机大多采用该 BIOS，它具有即插即用、绿色节能和 PCI 总线管理等特点。

（2）Phoenix-Award BIOS（见图 7-2）。Phoenix-Award BIOS 的功能和界面与 Award BIOS 基本相同，只是标识的名称代表了不同的生产厂商，因此可以将 Phoenix-Award BIOS 当作是新版本的 Award BIOS。

图 7-1　AMI BIOS

图 7-2　Phoenix-Award BIOS

2）UEFI BIOS

UEFI 指统一可扩展固件接口，这种接口用于将操作系统程序自动从预启动的操作环境加载到一种操作系统上。

可扩展固件接口（EFI）是 Intel 为 PC 固件的体系结构、接口和服务提出的建议标准，其主要目的是提供一组在 OS（操作系统）加载之前（启动前）在所有平台上一致的、正确指定的启动服务，被看作是传统 BIOS 的继任者。

UEFI 一般被国内一些主板厂商使用，如华硕、技嘉、微星，UEFI 具有以下几个特点。

（1）通过保护预启动或预引导进程，抵御 Bootkit 攻击，从而提高安全性。

（2）缩短了启动时间和从休眠状态恢复的时间。

（3）支持容量超过 2.2 TB 的驱动器。

（4）支持 64 位的现代固件设备驱动程序，系统在启动过程中可以以此来对超过 1.72×10^{10} GB 的内存进行寻址。

（5）UEFI 硬件可与 BIOS 结合使用。

UEFI BIOS 如图 7-3 所示。

图 7-3　UEFI BIOS

任务 7-2　进入 BIOS

一般情况下，在计算机开机自检时按下相应的键即可进入 BIOS 界面，不同型号计算机需要按下的键可能不同，常见的有 F2、F10、Delete、Esc 等键。如果不确定需要按下的键，可以在开机时观察计算机提示信息或者查询该型号计算机所对应的按键。

1. 各种 BIOS 的进入方法

1）UEFI BIOS 进入方法

不同品牌的主板，其 UEFI BIOS 的设置程序可能有一些不同，但国内普遍以中文界面为主，对于初学者来说比较好操作，便于理解，且进入设置程序的方法基本相同。启动计算机时按"Delete"或"F2"键即可出现屏幕提示。因主板型号种类繁多，UEFI BIOS 的界面也多种多样，图 7-4 为华硕主板 UEFI BIOS 界面，图 7-5 为微星主板 UEFI BIOS 界面。

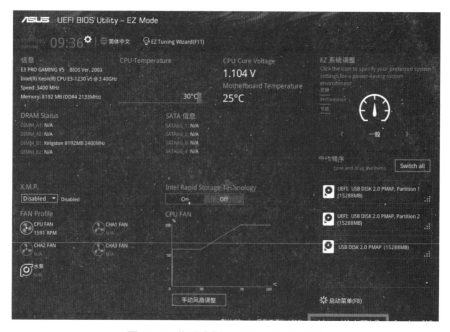

图 7-4　华硕主板 UEFI BIOS 界面

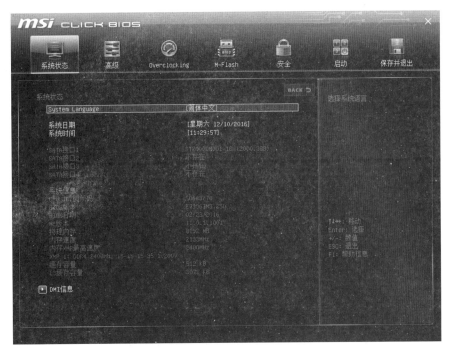

图 7-5　微星主板 UEFI BIOS 界面

2）AMI BIOS 进入方法

启动计算机，按"Delete"键或"Esc"键，即可出现屏幕提示。

3）Phoenix-Award BIOS 进入方法

启动计算机，按"Delete"键，即可出现屏幕提示。

2. BIOS 的基本按键操作

BIOS 的基本按键操作说明如表 7-1 所示。

表 7-1　BIOS 的基本按键操作说明

按键	功能说明
"←""→""↑"和"↓"键	用于在各设置选项间切换和移动
"+"或"PageUp"键	用于切换选项设置递增值
"—"或"PageDown"键	用于切换选项设置递减值
"Enter"键	确认执行和显示选项的所有设置值并进入选项子菜单
"F1"键或"Alt＋H"组合键	弹出帮助（help）窗口，显示说明所有功能键
"F5"键	用于载入选项修改前的设置值
"F6"键	用于载入选项的默认值
"F7"键	用于载入选项的最优化默认值
"F10"键	用于保存并退出 BIOS 设置
"Esc"键	回到前一级界面或主界面，或从主界面中结束设置程序。按此键也可不保存设置直接退出 BIOS 程序

任务 7-3　设置 BIOS

进入 BIOS 设置界面后，用户会看到一些选项菜单，包括"主板信息""启动顺序""设备信息"等。通过这些选项，用户可以设置或更改计算机各种硬件和软件的配置信息。

1. BIOS 设置功能

BIOS 因厂商不同，所提供的界面也会有所不同，包括使用 UEFI BIOS 的各大厂商，对其界面都会进行各种各样的美化，但其提供的功能大致相同，大体可分为 Main（一般设置）、Advanced（高级设置）、Security（安全设置）、Boot（启动设置）等。

1）一般设置

一般放置通常包括系统时间、日期设置，主要及次要数据设置等，同时显示系统信息（BIOS 版本、CPU 型号及类型、MAC 地址、内存信息及大小、风扇转速等）。图 7-6 为 AMI BIOS 一般设置界面，图 7-7 为 Phoenix-Award BIOS 一般设置界面，图 7-8 为微星 UEFI BIOS 一般设置界面。

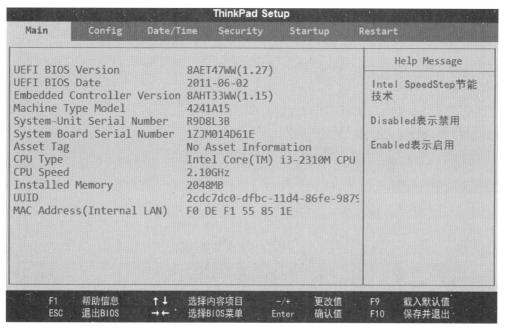

图 7-6　AMI BIOS 一般设置界面

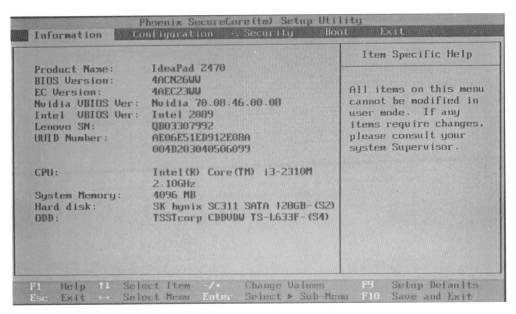

图 7-7　Phoenix-Award BIOS 一般设置界面

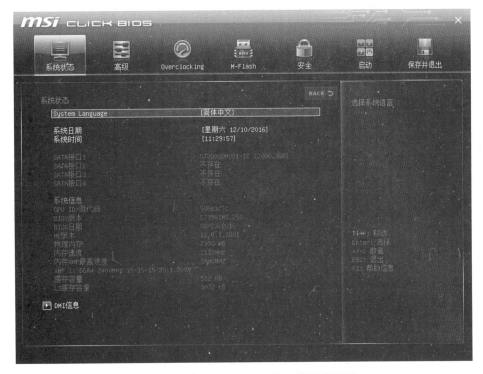

图 7-8　微星 UEFI BIOS 一般设置界面

2）高级设置

　　高级设置一般包括 CPU 芯片组设置、cache 设置、I/O 设备设置和虚拟化技术设置等。图 7-9 为微星 UEFI BIOS 的高级设置界面。

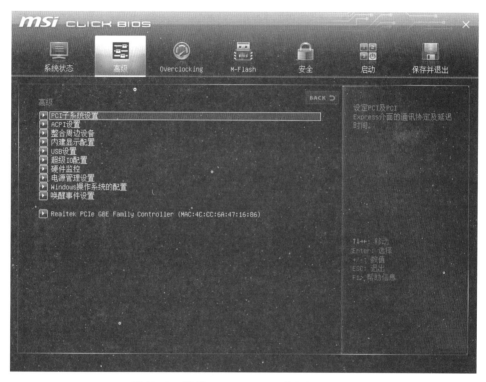

图 7-9　微星 UEFI BIOS 高级设置界面

3）安全设置

安全设置主要对进入 BIOS 系统的访问进行加密。图 7-10 为微星 UEFI BIOS 的安全设置界面。传统 BIOS 的安全设置比较老旧，本书不进行过多讲解。

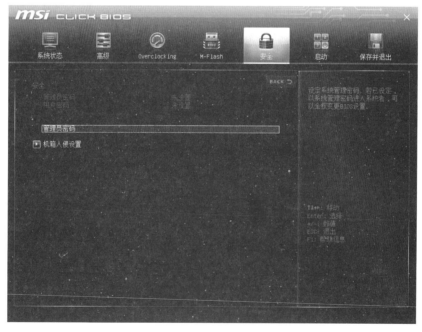

图 7-10　微星 UEFI BIOS 安全设置界面

4）启动设置

启动设置指可以设置系统通过哪个设备启动。启动项的设置可以使计算机进行系统重置等维护工作。图 7-11 和图 7-12 分别为 UEFI BIOS 的启动设置界面和传统 BIOS 的启动设置界面。

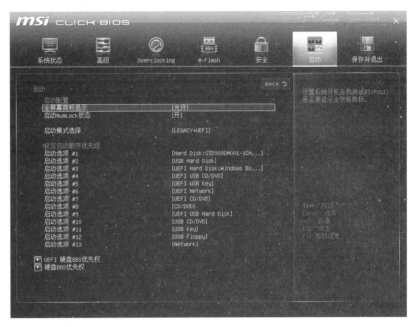

图 7-11　UEFI BIOS 启动设置界面

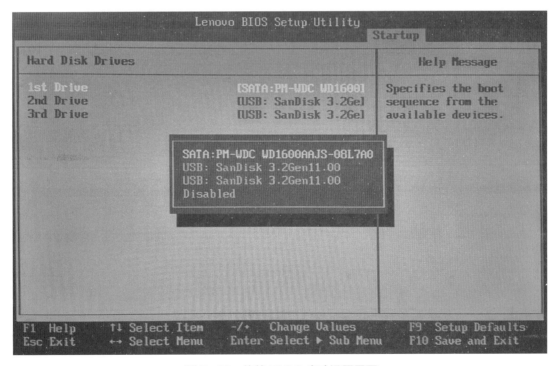

图 7-12　传统 BIOS 启动设置界面

2. 传统 BIOS 界面意义

Phoenix-Award BIOS 主菜单基本功能界面如图 7-13 所示，功能说明如表 7-2 所示。

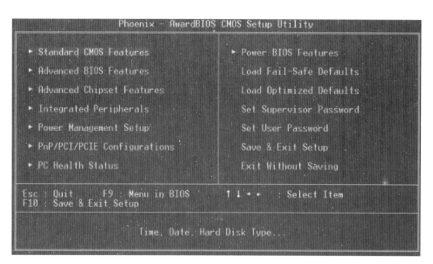

图 7-13　Phoenix-Award BIOS 主菜单基本功能界面

表 7-2　主菜单基本功能说明

功能	功能说明
Standard CMOS Features	标准 CMOS 参数设置
Advanced BIOS Features	BIOS 进阶功能设置
Advanced Chipset Features	芯片组进阶功能设置
Integrated Peripherals	集成设备设置
Power Management Setup	电源管理模式设置
PnP/PCI/PCIE Configurations	PnP/PCI/PCIE 组态设置
PC Health Status	计算机运行状况
Power BIOS Features	电源管理设置
Load Fail-Safe Defaults	载入 BIOS 预设值
Load Optimized Defaults	载入主板 BIOS 最优设置
Set Supervisor Password	管理员密码设置
Set User Password	用户密码设置
Save & Exit Setup	储存并退出设置
Exit Without Saving	沿用原有设置并退出 BIOS

　　传统 BIOS 版本种类繁多，设置方法也不尽相同，但每种设置都针对某一类或几类硬件配置，主要可分为以下几类。

　　（1）基本参数类，主要包括时钟频率、启动顺序、存储器设置等。

　　（2）扩展参数类，包括缓存设定、安全选项、电源管理、集成接口参数等。

　　（3）其他参数类，主要对主板提供特殊功能，如 CPU 超频、内存超频等。

3. 设置系统优先启动项

1）传统 BIOS 启动设置

早期计算机的主板和配置较低的计算机的主板，以及一些厂商因没有相应的技术能力，只能选择老旧 BIOS 芯片的计算机主板，依然会使用传统 BIOS 系统进行系统的启动设置，图 7-14 为传统 BIOS 的启动项设置界面。

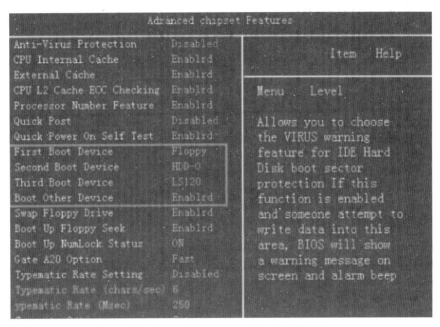

图 7-14　传统 BIOS 启动项设置界面

图 7-14 中画框处为"First Boot Device""Second Boot Device""Third Boot Device""Boot Other Device"，分别为第一、第二、第三开机选项及其他开机选项。设置好后，计算机会根据设置顺序依次访问存储设备。在"First Boot Device""Second Boot Device""Third Boot Device"的项目中，Floppy 代表软盘，HDD-0 代表硬盘，LS120 代表早期 U 盘。

2）AMI BIOS 启动设置

AMI BIOS 虽然也属传统 BIOS 范畴，但操作方式与一些笔记本计算机的 BIOS 界面比较相似，下面对其进行简单介绍。

执行"Boot"（见图 7-15）→"Boot Device Priority"（见图 7-16）。

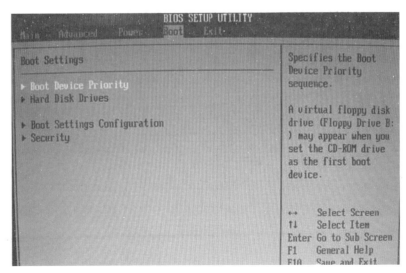

图 7-15　Boot 菜单

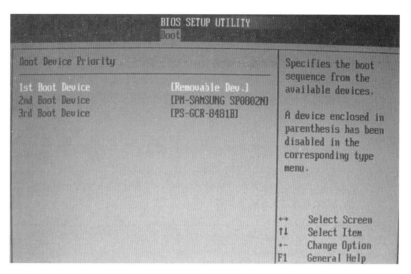

图 7-16　Boot Device Priority 菜单

"Boot Device Priority"用于设置开机时系统启动存储器的顺序，基本上与主板存储器的端口匹配，USB 设备连接后也在此处显示。安装操作系统时若要从光驱启动，就必须把"1st Boot Device"设置成光驱。若设置的是硬盘，当系统开机时由第一个需要读取硬盘的启动文件来完成系统引导，当第一个启动设备没有启动文件，计算机会读取第二个启动设备中的启动文件。如果所有的设备都没有启动文件，系统会提示启动失败，无启动文件。

3）笔记本计算机 BIOS 启动设置

笔记本计算机的 BIOS 有很多种，不同厂家、不同系列、不同型号的笔记本的 BIOS 的设置不一样，但整体比较直观，直接在 Boot 选项中就可进行调整。需要注意的是，笔记本计算机的 BIOS 是传统 BIOS 与 UEFI BIOS 结合在一起的模式，如果启动设备是传统设备不支持 UEFI 模式，那么需要先在如图 7-17 所示的"Boot mode select"中执行"LEGACY"项设置。

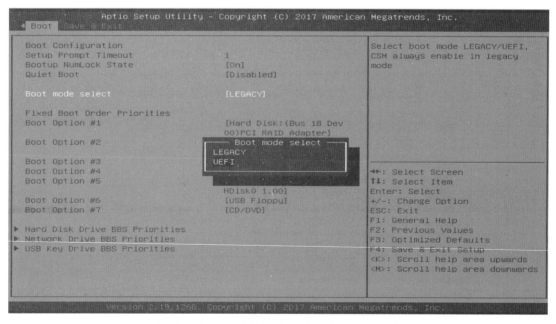

图 7-17　笔记本计算机 BIOS 启动设置界面

4）UEFI BIOS 启动设置

虽然主板的厂商很多，UEFI BIOS 界面也不尽相同，但因其支持中文，所以对于初学者来说，UEFI BIOS 的设置并不困难，只要找到"启动"界面就可根据提示进行相应设置。图 7-18 为联想拯救者 UEFI BIOS 启动设置界面，图 7-19 为微星 UEFI BIOS 启动设置界面。

图 7-18　联想拯救者 UEFI BIOS 启动设置界面

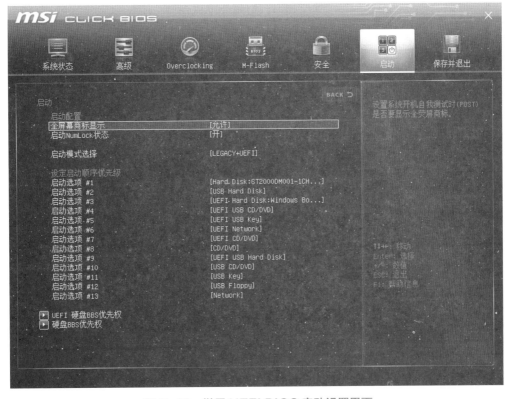

图 7-19　微星 UEFI BIOS 启动设置界面

4. 双硬盘时设置硬盘的优先级

在计算机的使用中，很多时候可能会在一台机器上添加两块硬盘或更多的硬盘。根据主板的硬盘接口，可以安装 2~6 块硬盘，那么如何让计算机准确地将带有系统的硬盘设备作为启动计算机的第一选择？如何在不同的 BIOS 中设置硬盘的先后顺序？

1）AMI BIOS 双硬盘设置

开机后按"Del"或"F2"键进入 BIOS 设置界面，执行"Startup"（见图 7-20）→"Primary Boot Sequence"（见图 7-21）→"Hard Disk Drives"（见图 7-22）→"1st Drive（见图 7-23）"，按"Enter"键后，选择相应存储设备即可。最后按"F10"键保存并退出。

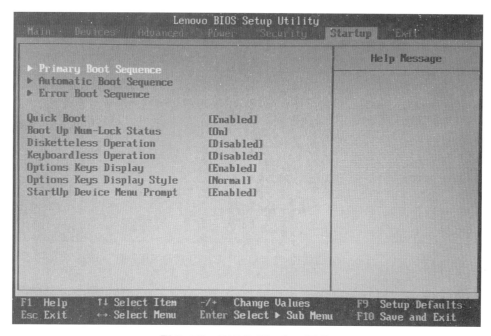

图 7-20　BIOS Startup 菜单

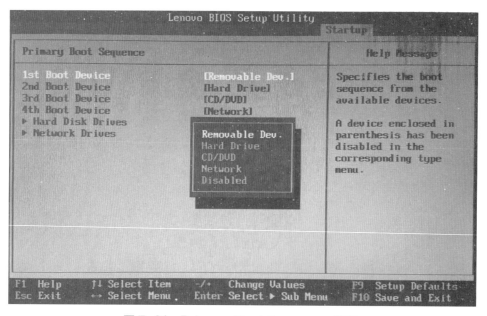

图 7-21　Primary Boot Sequence 菜单

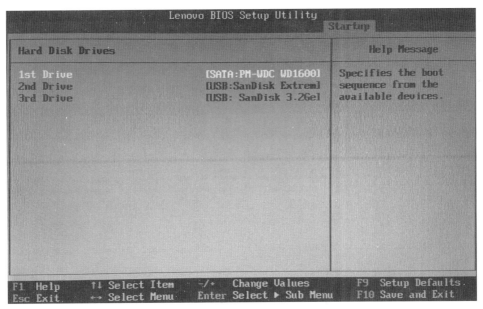

图 7-22　Hard Disk Drives 菜单

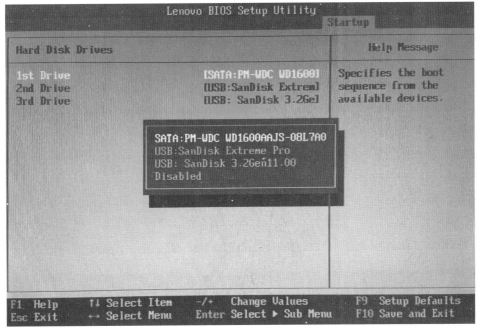

图 7-23　硬盘顺序设置界面

2）UEFI BIOS 双硬盘设置

在 UEFI BIOS 系统中，所有硬盘设备直接显示，不用查找，只需要找到启动界面即可，如图
7-18 和图 7-19 所示。

拓展训练

训练要求

以组为单位，对 BIOS 的各菜单功能进行设定，每个同学独立操作并做好记录。

训练思路

本实训主要了解传统 BIOS 功能及 UEFI BIOS 功能。

训练提示

（1）启动计算机，观察 POST 时的屏幕提示，按下相应的功能键进入 BIOS 设置菜单。如果开机或进入 BIOS 有密码，则先对 CMOS 放电，再重启计算机进入 BIOS 设置菜单。

（2）观察各主菜单及子菜单，熟悉其选项含义和设置方法。

（3）将开机密码设置成学号，并设置光驱为第一启动盘。

项目 8

安装系统软件和应用软件

项目导入▶

在完成硬件组装和 BIOS 设置后，计算机就完成了硬件系统的组建，但此时计算机还是一台"裸机"，无法正常工作，必须安装相应的软件才能正常工作。

学习目标▶

知识目标

（1）了解硬盘分区的含义。

（2）熟悉 Windows 不同版本的区别。

（3）熟悉计算机软件的分类。

能力目标

（1）学会对硬盘进行分区及格式化。

（2）学会安装不同版本的 Windows 操作系统。

（3）学会安装计算机驱动程序。

（4）学会安装常用软件。

素养目标

（1）树立版权意识，选择安全可靠的正版软件，拒绝盗版。

（2）培养爱国主义情怀和社会责任感，深入理解中国共产党的历史、理论和实践，增强对中国特色社会主义伟大事业的认同感和自豪感。

（3）培养创新精神和实践能力，勇于创新、敢于实践，将所学知识运用到实际工作和生活中，努力成为具有创新精神和实践能力的社会主义建设者和接班人。

任务 8-1　硬盘分区

初次使用硬盘前，需要对硬盘进行分区及格式化，这样做的目的主要是方便管理和使用硬盘。在操作之前需要了解硬盘分区的分区模式及分区格式。

硬盘分区就是分割硬盘空间，让各个分区空间独立运行，如果遇到病毒感染或者数据丢失的情况，也不会对除该分区以外的其他分区造成影响。同时硬盘分区也方便硬盘将不同文件的数据放在不同的分区空间，分开存储，大大节约了读取文件的时间。

1. 分区模式

硬盘分区有三种模式：主分区、扩展分区和逻辑分区。

1）主分区

主分区是一个比较简单的分区，通常位于硬盘最前面的一块区域中，构成逻辑 C 盘，其中包括主引导程序。主引导程序主要用于检测硬盘分区的正确性，并确定活动分区，负责把引导权移交给活动分区的 DOS 或其他操作系统。若此段程序损坏将无法从硬盘引导，但从光驱或 U 盘等设备引导之后，仍可对硬盘进行读写。

2）扩展分区

扩展分区的概念比较复杂，很容易造成硬盘分区与逻辑磁盘概念的混淆。扩展分区是不能直接使用的，它必须以逻辑分区的方式对硬盘空间进行访问，因此扩展分区建立后，必须在其基础上建立若干逻辑分区。其关系是前者包含后者，所有的逻辑分区都是扩展分区的一部分。

3）逻辑分区

逻辑分区是一种特殊的分区形式，它将硬盘中的一块区域单独划分出来供另一个操作系统使用。逻辑分区的出现主要是为了解决一块硬盘只能划分 4 个主分区的技术问题。

在实际分区时，通常把硬盘分为主分区和扩展分区，然后根据硬盘大小和使用需求将扩展分区继续划分为几个逻辑分区。因此，建立硬盘分区的步骤：建立主分区→建立扩展分区→将扩展分区分成多个逻辑分区。

2. 文件系统

在计算机中，文件系统是命名文件及放置文件的逻辑存储和恢复的系统。DOS、Windows、OS/2 和 Unix-based 等操作系统都有文件系统，在此系统中文件被放置在分等级的（树状）结构中的某一处。

文件系统指定命名文件的规则，这些规则包括文件名的字符数最大值、哪种字符可以使用，以及某些系统中文件名后缀可以有多长。文件系统还包括通过目录结构找到文件的指定路径的格式。

1）FAT32 格式

FAT32 格式采用 32 位的文件分配表，使其对磁盘的管理能力极大增强，突破了 FAT16 对每一个分区的容量只有 2 GB 的限制。在一个不超过 8 GB 的分区中，FAT32 分区格式的每个簇容量都固定为 4 KB，与 FAT16 相比，极大地减少了硬盘空间的浪费，提高了硬盘空间利用率。Windows 2000 和 Windows XP 能够读写任意大小的 FAT32 文件，但是这些平台上的格式化程序只能创建最大 32 GB 的 FAT32 文件。目前，支持这一磁盘分区格式的 Windows 操作系统有 Windows 98、Windows 2000、Windows XP、Windows Server 2003 和 Windows 7 等比较落后的操作系统。

2）NTFS 格式

NTFS 分区格式是 Windows NT 网络操作系统的硬盘分区格式，它具有更安全的文件保障，提供文件加密功能，能够极大提高信息的安全性；具有更好的磁盘压缩功能；支持最大达 2 TB 的大硬盘，并且随着磁盘容量的增大，NTFS 的性能不像 FAT 那样随之降低。其最显著的优点是安全性和稳定性极其出色，在使用中不易产生文件碎片，对硬盘的空间利用率及软件的运行速度都有好处。目前 Windows 7（64 位）及以上操作系统和一些大容量的 U 盘均采用该分区格式。

3. 分区方法

1）Windows 系统自带分区工具

右击"计算机"，在弹出的菜单中单击"管理"，进入"计算机管理"界面，然后单击"磁盘管理"，如图 8-1 所示。

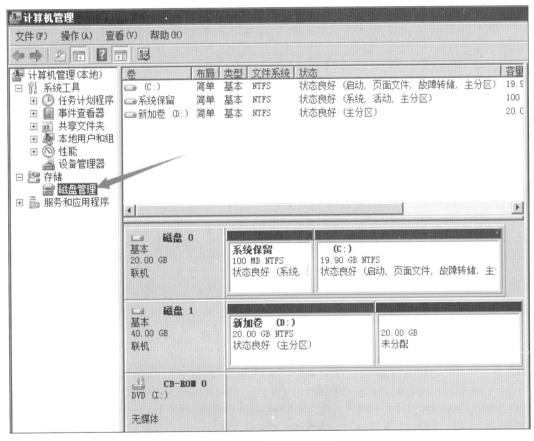

图 8-1　磁盘管理界面

此界面可以呈现计算机所连接的硬盘的分区情况及相应状态（见图 8-2）。默认情况下深蓝色为主分区，绿色为扩展分区，蓝色为逻辑分区，黑色为未分配区域。

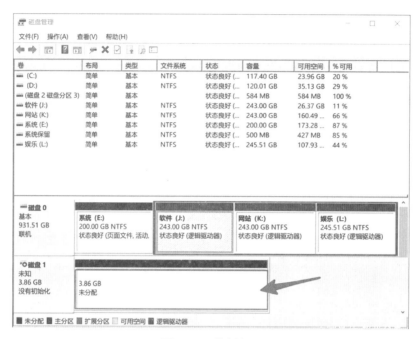

图 8-2　磁盘情况

选中相应的已完成分配的硬盘分区，单机右键可进行硬盘管理，如图 8-3 所示。

图 8-3　磁盘管理菜单

部分命令的含义如下。

新建简单卷：在可用空间上创建分区（此命令仅对未分配的分区生效）。

将分区标记为活动分区：将分区标记为系统引导的主分区。

更改驱动器号和路径：改变硬盘驱动器号，如 D 盘变 F 盘。

格式化：将磁盘分区内容清空。

扩展卷：扩大磁盘分区大小，但必须有可用空间。

压缩卷：调整分区大小，将空余空间转换为未分配空间。

删除卷：删除所选分区。

2）DiskGenius 分区工具

DiskGenius（简称 DG，图标见图 8-4）是一款数据恢复及分区管理软件。它是在最初的 DOS 版本的基础上开发而成的。Windows 版本的 DG 软件，除了继承并增强 DOS 版本的大部分功能外，还增加了许多新的功能，如已删除文件恢复、分区复制、分区备份、硬盘复制等。DG 软件的分区界面如图 8-5 所示。

图 8-4　DG 软件图标

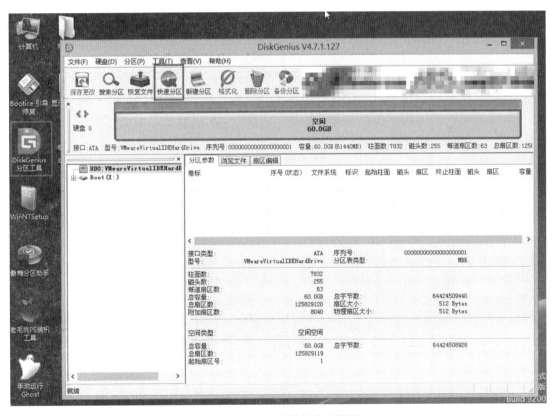

图 8-5　DG 软件的分区界面

单击"快速分区"命令，进入快速分区界面，如图 8-6 所示。此处可对硬盘进行快速分区并格式化。

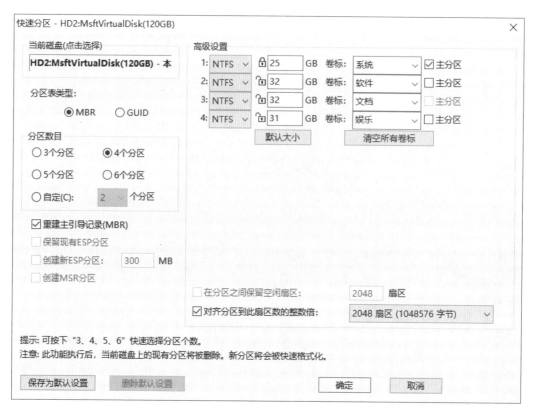

图 8-6　快速分区界面

选项中需要注意"分区表类型"的选择（MBR 和 GUID）。

MBR 的意思是主引导记录，是 IBM 公司早年间提出的。它是存在于磁盘驱动器开始部分的一个特殊的启动扇区。这个扇区包含了已安装的操作系统的系统信息，以及一段用来启动系统的代码。如果安装了 Windows 系统，其启动信息就放在这一段代码中——如果 MBR 的信息损坏或误删就不能正常启动 Windows 系统。当一台计算机启动时，它会先启动主板自带的 BIOS 系统，BIOS 加载 MBR，MBR 再启动 Windows 系统，这就是 MBR 的启动过程。

GUID 即全局唯一标识磁盘分区表（GUID partition table，GPT），它是另外一种更加先进、新颖的磁盘组织方式，使用 UEFI 启动磁盘。GPT 分区最开始是为了提供更好的兼容性，后来因为其更大的内存支持（MBR 分区最多支持 2 TB 的磁盘）和更好的兼容性而被广泛使用，特别是苹果的 MAC 系统全部使用了 GPT 分区。后来 GPT 不再有分区的概念，所有分区都存储在一段信息中。

3）MBR 分区和 GPT 分区的区别

因为兼容问题，GPT 其实在引导的最开始部分也有一段 MBR 引导，叫作"保护引导"，以防止设备不支持 UEFI。

（1）MBR 最多支持 2 TB，而 GPT 理论上是无限制的。

（2）MBR 最多支持 4 个主分区，GPT 分区没有限制。

（3）Windows 7 只能用 MBR 分区，从 Windows 8 开始使用 GPT 分区。

（4）GPT 是由 UEFI 启动的，而 UEFI 是后期才提出的概念，因此其兼容性和稳定性不如 BIOS+MBR。

（5）使用 Windows 10 光盘的安装程序进行分区时，系统会自动分出 EFI 系统保护分区，完成后的效果如图 8-7 所示。

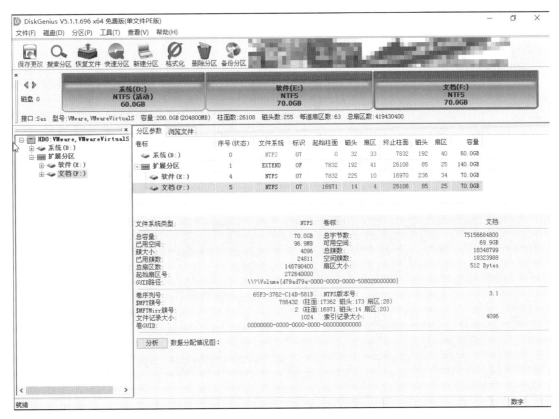

图 8-7 EFI 系统保护分区

4. 分区注意事项

1）MBR+Windows 7（32 位）

MBR 分区一般通过传统 BIOS 的启动方式进入 PE（预安装环境）操作系统，使用 DG 分区工具对硬盘进行分区，此模式适合 Windows 7 及以下的系统使用，可将硬盘分为主分区和扩展分区。

分区时必须注意以下几点。

（1）硬盘建立的第一个分区只能是主分区。

（2）一个硬盘最多可建 4 个主分区，1 个扩展分区相当于 1 个主分区。扩展分区不能直接使用，必须在扩展分区的基础上建立逻辑分区才能使用。1 个扩展分区可以划分 23 个逻辑分区。

（3）主分区可以作为活动分区，但有且只能有一个主分区被激活。一般 C 盘为活动分区，安装 Windows 操作系统。

2）GPT+Windows 10

GPT 分区一般通过 UEFI 模式的启动方式进入 Windows 7 以上的 PE 操作系统，使用 DG 分区工具对硬盘进行分区，此模式适合 Windows 7（64 位）以上的系统使用，可用于大于 2 TB 的硬盘，最少分 3 个区，分别是 EFI 系统保护分区（默认隐藏不加载）、MSR 微软保留分区和系统数据分区。

（1）EFI 系统保护分区（ESP）。EFI 系统保护分区是一个 FAT32 格式的物理分区，UEFI 固件从 ESP 加载 UEFI 启动程序或者应用。它是与操作系统分开的独立分区，是系统启动的引导分区，存放相关的启动引导文件。UEFI 规范强制要求 ESP 必须存在。

（2）MSR 微软保留分区。根据微软的文档，这个分区是预留的，暂时不会保存有用数据，未来可能用作某些特殊用途。MSR 会自动创建并且不能删除，其位置必须在 EFI 系统分区和所有 OEM 分区之后，但是紧接在第一个数据分区之前。对于不大于 16 GB 的存储器，微软保留分区的初始大小为 32 MB；在更大的存储器上，其初始大小为 128 MB。

（3）系统数据分区。系统数据分区是存放操作系统和数据文件的分区，即通常在计算机中看到的 C 盘、D 盘等。

任务 8-2　系统安装

1. 系统的分类

操作系统（有时简称系统）是管理和控制计算机硬件与软件资源的计算机程序，是直接运行在"裸机"上的最基本的系统软件，任何其他软件都必须在操作系统的支持下才能运行。操作系统所处的位置是用户和计算机的接口，同时也是计算机硬件和其他软件的接口。操作系统的功能包括管理计算机系统的硬件、软件及数据资源，控制程序运行，为其他应用软件提供支持等，使计算机系统所有资源最大限度地发挥作用；提供了各种形式的用户界面，使用户有一个好的工作环境；为其他软件的开发提供必要的服务和相应的接口。

操作系统按应用领域划分主要有三种：桌面操作系统、服务器操作系统和嵌入式操作系统。

1）桌面操作系统

扫一扫

Windows 各版本系统及配置要求

桌面操作系统主要用于个人计算机。桌面操作系统主要分为两大类，分别为类 Unix 操作系统和 Windows 操作系统。

（1）Unix 和类 Unix 操作系统：macOS、Linux 发行版（如 Debian、Ubuntu、Linux Mint、open SUSE、Fedora 等）以及国产操作系统深度、统信、麒麟、鸿蒙等。

（2）Windows 操作系统：Windows XP、Windows Vista、Windows 7、Windows 8、Windows 10、Windows 11 等。

读者可扫描二维码学习 Windows 各版本系统及配置要求。

2）服务器操作系统

服务器操作系统一般指的是安装在大型计算机上的操作系统。服务器操作系统主要有以下三大类。

（1）Unix 系列：SUN Solaris、IBM-AIX、HP-UX、Free BSD 等。

（2）Linux 系列：RedHat Linux、CentOS、Debian、Ubuntu、欧拉（Open Euler）等。

（3）Windows系列：Windows Server 2003、Windows Server 2008、Windows Server 2008 R2、Windows Server 2016、Windows Server 2019、Windows Server 2022 等。

3）嵌入式操作系统

嵌入式操作系统是应用在嵌入式系统上的操作系统。嵌入式系统广泛应用在生活的各个方面，涵盖范围从便携设备到大型固定设施，如数码相机、手机、平板计算机、家用电器、医疗设备、交通灯、航空电子设备和工厂控制设备等，越来越多的嵌入式系统安装有实时操作系统。

在嵌入式领域常用的操作系统有嵌入式 Linux、Windows Embedded、VxWorks 等，以及广泛使用在智能手机或平板计算机等消费电子产品的操作系统，如 Android、iOS、Symbian、Windows Phone

和华为鸿蒙等。

2. 安装系统

以 Windows 操作系统为例，在安装系统之前，需要确保从正规渠道获得合适的 Windows 光盘或 U 盘，并将计算机配置升级到符合系统的最低配置要求，最好是满足或高于系统的推荐配置要求。在进行系统安装之前，请务必把要安装系统的硬盘内容备份到其他外部存储设备上，因为系统安装的过程中会对硬盘进行格式化操作，这将导致硬盘中的内容全部清空。

另外，在准备连接网络时，最好使用有线连接方式而不是无线连接方式，因为新系统可能会出现无法识别硬件（无线网卡）的情况，造成网络不能正常连接。

对于系统的安装方式，可以使用光盘进行安装，也可以使用 U 盘进行安装。虽然两种方式略有不同，但基本操作是相似的。可以根据具体的硬件配置及安装的具体系统版本选择合适的安装方式，然后按照相应的步骤进行安装。

1）光盘安装系统

（1）首先准备好正版系统安装光盘（见图 8-8）。

图 8-8 系统安装光盘

（2）进入 BIOS，将启动顺序的第一启动调整为 "CD-ROM"，即将光驱设置为第一引导设备。然后保存，退出。此项操作在项目 7 中已经讲解，此处不再详述。

（3）计算机重启后，屏幕上会出现 "Press any key to boot from CD or DVD" 的字样（见图 8-9），此时按下键盘上的任意一个键即可开始利用系统安装光盘来安装系统，此处以 Windows 7 操作系统为例进行讲解。

图 8-9 光盘引导

（4）按任意键后，出现载入进度画面，短暂黑屏后出现图 8-10 所示界面。

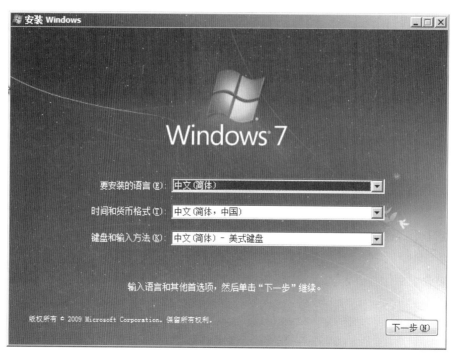

图 8-10　安装选项

（5）出现对话框后，选择语言"中文（简体）"，其余都选"中文"，按"下一步"继续。需要注意，不同的光盘系统，此时出现的版本可能不一样。选中相应版本（如专业版、企业版、旗舰版等），按"下一步"继续。

（6）出现许可协议后，选择"我接受许可条款"，再按"下一步"继续，如图 8-11 所示。

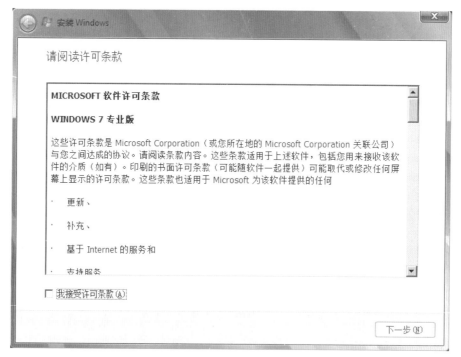

图 8-11　接受许可条款

（7）因升级是从现有版本向上升级，可能出现硬件不兼容的情况，这里的安装类型建议选择"自定义（高级）"，如图 8-12 所示。

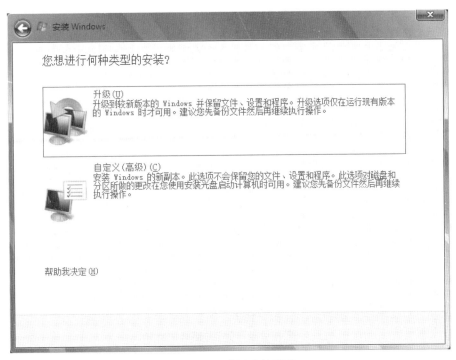

图 8-12   选择安装类型

（8）此时界面上没有任何分区，需要自行进行分区设置。选中磁盘，单击"新建"，如图 8-13 所示。

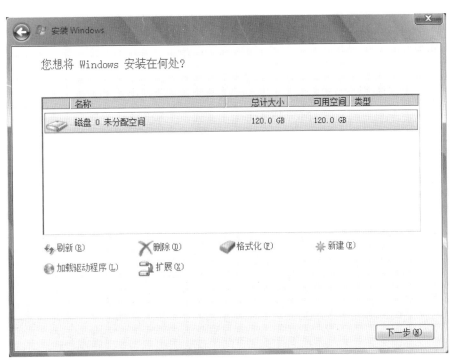

图 8-13   建立分区

（9）设定每个分区的大小，如图 8-14 所示。一般情况下，对于系统分区，Windows 7 需要 60 GB

空间，Windows 10 需要 100 GB 空间。当然，具体大小还需要和各自的硬盘大小相匹配。但为了以后系统使用的流畅度，还是尽量让 C 盘（系统型）的空间在合理的程度下足够大。

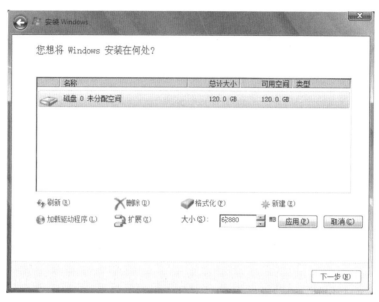

图 8-14　设定分区大小

（10）建立分区时，系统会提示为系统创建一个不可见的分区，Windows 7 是 100 MB 的空间，Windows 10 大约是 350 MB 的空间，这是原盘安装系统的要求，不可取消。

注意： 使用原盘进行分区，一般会先将一个主分区作为 C 盘安装系统，剩余部分为一个扩展分区，方便后面进入系统后进行分区设定。

（11）选择系统主分区（见图 8-15），单击"下一步"，进行系统文件复制。计算机的配置高低决定复制及安装系统文件的速度大小。

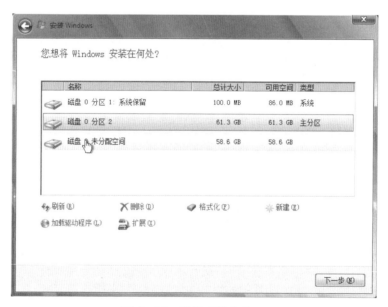

图 8-15　选择系统主分区

（12）复制完成后，计算机会自动重启。然后再次等待计算机进入系统，完成系统最后的安装。

注意，此时不用操作，完全由系统自主运行。

（13）重启后计算机会要求设置用户名称和密码。建议设置完用户名称后直接跳过密码设置，单击"下一步"进入系统。此时的系统桌面上什么软件也没有，用户可在"个性化设置"中将"计算机""回收站""网上邻居"和"控制面板"等显示出来。Windows 10 的系统设置比 Windows 7 的系统设置要多一些，按需操作即可。图 8-16 为 Windows 7 安装完成界面。图 8-17 为 Windows 10 安装完成界面。

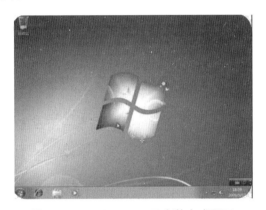

图 8-16　Windows 7 安装完成界面

图 8-17　Windows 10 安装完成界面

（14）完成安装后，根据操作系统使用协议，需要到系统官网进行注册激活。

2）U 盘安装系统

使用 U 盘安装系统的首要条件是准备一个可以代替启动光盘的 U 盘启动盘。

使用 U 盘启动盘制作工具（见图 8-18）制作 U 盘启动盘有两种方式：一种是"装机版"，适用于老主板，是传统 BIOS 引导方式；另一种是"UEFI 版"，适用于新主板。现在很多笔记本计算机的引导方式是 UEFI，且不兼容传统 BIOS。

图 8-18　U 盘启动盘制作工具

注意： 读者可自行搜索下载 U 盘启动盘制作工具。将 U 盘改造后，再进行系统安装。

准备工作如下。

（1）U 盘启动盘制作完成之后，把事先准备好的镜像文件（iso）复制到 U 盘中。

（2）将系统镜像文件拷贝到 U 盘后，将 U 盘插在需要重装的计算机上，开机进入"PE 系统"。此系统是 U 盘启动盘制作完成后，U 盘中的自留系统。

进入 PE 系统的方法有两种。

方法一： 在计算机开机后快速不停地单击快捷启动键，直到出现选项框，选择 USB 或 U 盘名称的选项进行启动。不同型号计算机的快捷键不同，各主板及品牌机的快捷启动按键如图 8-19 所示。

组装机主板		品牌笔记本		品牌台式机	
主板品牌	启动按键	笔记本品牌	启动按键	台式机品牌	启动按键
华硕主板	F8	联想笔记本	F12	联想台式机	F12
技嘉主板	F12	宏碁笔记本	F12	惠普台式机	F12
微星主板	F11	华硕笔记本	ESC	宏碁台式机	F12
映泰主板	F9	惠普笔记本	F9	戴尔台式机	ESC
梅捷主板	ESC或F12	联想Thinkpad	F12	神舟台式机	F12
七彩虹主板	ESC或F11	戴尔笔记本	F12	华硕台式机	F8
华擎主板	F11	神舟笔记本	F12	方正台式机	F12
斯巴达克主板	ESC	东芝笔记本	F12	清华同方台式机	F12
昂达主板	F11	三星笔记本	F12	海尔台式机	F12
双敏主板	ESC	IBM笔记本	F12	明基台式机	F8
翔升主板	F10	富士通笔记本	F12		
精英主板	ESC或F11	海尔笔记本	F12		
冠盟主板	F11或F12	方正笔记本	F12		
富士康主板	ESC或F12	清华同方笔记本	F12		
顶星主板	F11或F12	微星笔记本	F11		
铭瑄主板	ESC	明基笔记本	F9		
盈通主板	F8	技嘉笔记本	F12		
捷波主板	ESC	Gateway笔记本	F12		
Intel主板	F12	eMachines笔记本	F12		
杰微主板	ESC或F8	索尼笔记本	ESC		
致铭主板	F12	苹果笔记本	长按"option"键		
磐英主板	ESC				
磐正主板	ESC				
冠铭主板	F9				

图 8-19　各主板及品牌机的快捷启动按键

图 8-20 和图 8-21 为 UEFI 的快速启动引导程序界面和传统 BIOS 的快速启动引导程序界面。选择相应 U 盘即可启动 U 盘系统。

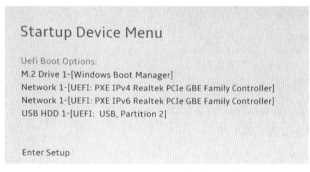

图 8-20　UEFI 快速启动引导程序界面

图 8-21　传统 BIOS 快速启动引导程序界面

方法二： 将引导模式改为 U 盘引导。不同主板的设置方式和设置界面也不同。图 8-22 为惠普主板启动项。

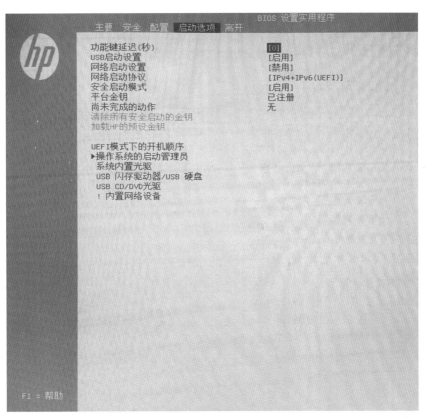

图 8-22　惠普主板启动项

（3）计算机成功开始 U 盘启动（见图 8-23）。进入 PE 模式之后，系统会弹出 U 盘启动主菜单，执行第二个选项"启动 Windows 10 PE×64（新机型）"。如果是老式计算机，请执行第一个选项。

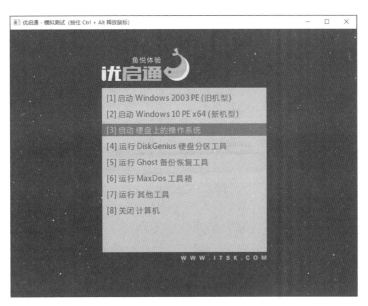

图 8-23　U 盘启动界面

（4）进入 PE 系统之后，系统会自动弹出"EIX 系统安装"，并且识别 U 盘中的系统镜像文件。一般按照"映像恢复"（见图 8-24）→"映像文件"→"目标分区"的顺序执行，执行完成之后单击"确定"按钮。

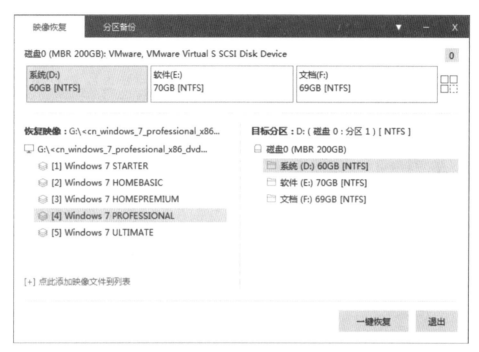

图 8-24　映像恢复界面

如果系统没有自动弹出装机工具，可以单击桌面的装机工具。如果装机工具没有自动识别系统镜像文件，可以单击"浏览"，选择 U 盘中的系统镜像文件即可。如果硬盘未进行分区，可使用 PE 自带的 DG 分区软件根据需求进行分区。注意分区的类型，Windows 10 要使用 GUID 分区，Windows 7 可以使用 MBR 分区。图 8-25 为快速分区界面。

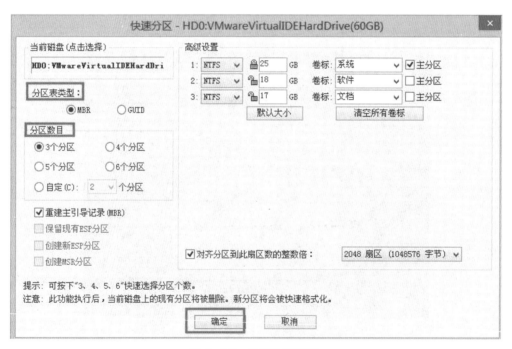

图 8-25　快速分区界面

（5）在弹出的还原提示窗口当中，勾选多选框"尝试重建系统引导"，然后单击"确认"，如图 8-26 所示。

图 8-26　确定还原系统

（6）还原的过程（见图 8-27）需要一些时间，此时请耐心等待，请勿拔插 U 盘。还原结束后系统会弹出"是否马上重启计算机"，单击"是"并快速拔出 U 盘。

（7）重启后（见图 8-28）计算机会自动执行 Windows 10 系统的安装操作，安装时间较长，过程中会进行多次重启。

图 8-27　还原过程

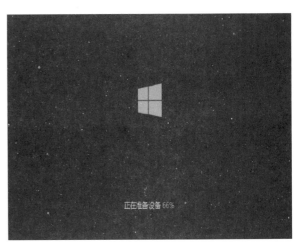

图 8-28　初次安装完成重启

（8）安装完成，如图 8-29 所示。

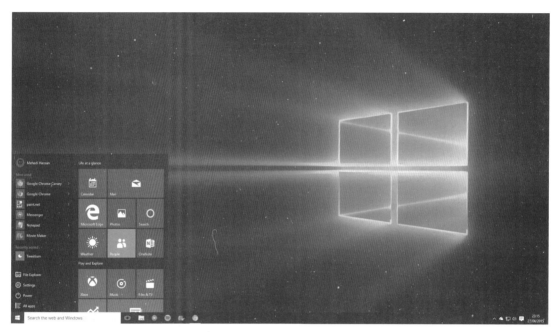

图 8-29　Windows10 安装完成

拓展延伸

国产操作系统——鸿蒙

软件是新一代信息技术的灵魂，是数字经济发展的基础，是建设制造强国、网络强国、数字中国的关键支撑。习近平总书记强调，"要全面推进产业化、规模化应用，重点突破关键软件，推动软件产业做大做强，提升关键软件技术创新和供给能力。"在关键软件的自主创新能力的持续提升下，国产基础软件研究取得一系列标志性成果，如国产操作系统——鸿蒙。

2019 年 8 月 9 日，在华为全球开发者大会上，华为公司正式发布了其基于微内核的面向全场景的分布式操作系统——鸿蒙。鸿蒙操作系统（Harmony OS）是第一款基于微内核的全场景分布式OS，是华为自主研发的操作系统。鸿蒙 OS 实现模块化耦合，对应不同设备可弹性部署，鸿蒙 OS 有三层架构，第一层是内核，第二层是基础服务，第三层是程序框架，可用于大屏、PC、汽车、手机等各种不同的设备上。

鸿蒙 OS 底层由鸿蒙微内核、Linux 内核和 LiteOS 组成，未来将发展为完全的鸿蒙微内核架构。

任务 8-3　驱动安装

系统安装完成后，计算机并不能完全发挥各部分硬件的功能。这时，需要给各部分硬件安装相应的驱动程序，才能使计算机发挥正常的功能。

1. 驱动程序的种类

在 Windows 系统下，驱动程序按照其提供的硬件支持可以分为声卡驱动程序、显卡驱动程序、鼠标驱动程序、主板芯片组驱动程序、网络设备驱动程序、打印机驱动程序、扫描仪驱动程序等。CPU和内存无须驱动程序便可使用，绝大多数键盘、鼠标、硬盘、显示器和主板上的标准设备可以用

Windows 自带的标准驱动程序来驱动。多数显卡、声卡、网卡等内置扩展卡和打印机、扫描仪等外设需要安装与设备型号相符的驱动程序，否则无法发挥其全部功能。

　　主板驱动程序是指计算机用来识别计算机硬件的驱动程序。如果计算机不能识别硬件，那就要安装相应的驱动程序。一般比较老旧的计算机可以不用驱动程序，因为系统本身所携带的驱动程序可以满足需要。主板驱动主要包括主板芯片组驱动、集成显卡驱动、集成网卡驱动、集成声卡驱动、USB驱动等。

　　显卡驱动程序就是用来驱动显卡的程序，它是与该硬件对应的软件。驱动程序即添加到操作系统中的一小段代码，其中包含有关硬件设备的信息。驱动程序的安装需要按一定的顺序进行，否则也可能导致安装失败。

2. 驱动程序获取方式

1）从安装光盘获取驱动程序

在购买硬件设备时，其包装盒内通常会附带一张安装光盘（见图 8-30），通过该光盘便可进行硬件设备的驱动安装。用户需妥善保管驱动程序的安装光盘，方便以后重装系统时再次安装驱动程序。

图 8-30　主板驱动光盘

2）从网上获取驱动程序

当硬件的驱动程序有新版本发布时，在其官方网站都可找到新版驱动程序。下面以显卡和主板的驱动程序为例进行讲解。

（1）显卡驱动程序。

①英伟达（NVIDIA）显卡。通过英伟达官网（见图 8-31）可以下载驱动程序。

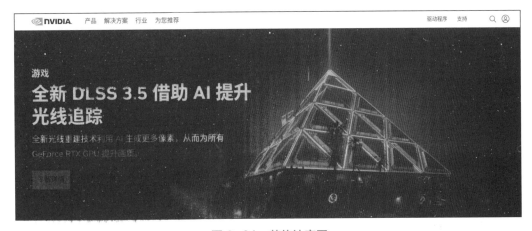

图 8-31　英伟达官网

　　一般手动搜索驱动程序比较准确，如图 8-32 所示。第一行选择显卡的类型；第二行选择显卡的系列，如 20 系显卡可选 Geforce RTX 20，16 系显卡可选 Geforce 16，10 系显卡可选 Geforce 10，笔记本显卡可选 Notebooks；第三行选择显卡的具体名称；第四行选择计算机系统的版本和位数，如 Windows 10 64-bit 等；第五行选择下载类型；第六行选择操作的语言。

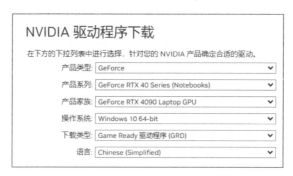

图 8-32 手动搜索驱动程序

单击搜索后，会列出相应驱动程序，列表中包括显卡对应的不同版本和不同日期的驱动程序，位置越上其版本也就越新。驱动程序的日期应尽量接近显卡的购买日期。

进入显卡驱动程序下载界面（见图 8-33），单击"下载"按钮即可开始下载。待下载完成后，会得到一个后缀为".exe"的应用程序，双击直接打开应用程序，根据界面提示就可完成安装。

图 8-33 显示驱动程序下载界面

② AMD 显卡。进入 AMD 官网，单击网页上方的"资源与支持"（见图 8-34），进入驱动程序下载页面。在下拉选项框里选择显卡的型号，单击"提交"(也可以通过筛选功能筛选出显卡型号)，然后选择"系统版本"，选择最新日期的驱动程序，选好之后单击"下载"按钮，如图 8-35 所示。待下载完成后同样可以得到一个后缀为".exe"的应用程序，双击后根据界面提示进行安装。

图 8-34 资源与支持界面

图 8-35 下载驱动程序

③核显驱动。核显根据 CPU 可分为 AMD 和英特尔两种，AMD 核显驱动程序跟独显驱动程序一样，可通过官网查找相应型号进行下载。英特尔核显驱动程序可进入英特尔官网进行下载，单击网页左上方的"支持"选项（见图 8-36），在下拉选项框中选择"驱动程序和下载"，单击"下载中心"，进入图 8-37 所示的界面，在该界面浏览和查找驱动程序，找到与 CPU 匹配的核显驱动程序后单击"进入"，在下载界面下方的列表里查找需要的 CPU 型号，单击界面左侧"下载"。官网提供了".exe"和".zip"两种文件格式，如图 8-38 和图 8-39 所示。选择 .exe 文件格式，下载后直接双击程序即可进行安装。

图 8-36 英特尔官网"支持"选项界面

图 8-37 驱动程序查询界面

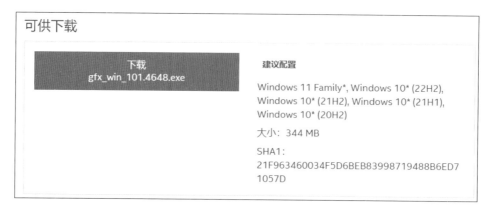

图 8-38 ".exe" 下载文件

图 8-39 ".zip" 下载文件

（2）主板驱动程序。以微星主板为例，首先进入微星官网（见图 8-40），单击页面上方的"客户服务"→"技术与支持"→"驱动＆下载"→"主板"→"筛选功能"→"搜索"→"驱动程序"→"系统版本"→"驱动程序"，如图 8-41 所示。

图 8-40 微星官网

图 8-41   驱动程序下载界面

大部分的主板驱动程序都是压缩包格式，解压之后再运行文件夹内的 .exe 安装程序。注意，不可直接在压缩包内运行。

常用的驱动程序下载网站是"驱动之家"，在该网站中几乎能找到所有硬件设备对应的驱动程序，并且有多个版本供用户选择。

驱动软件可以自动下载驱动程序（推荐），下面列举几种常用的驱动软件，用户可省去查找、下载、安装等操作。

驱动精灵官网如图 8-42 所示。

图 8-42   驱动精灵官网

驱动人生官网如图 8-43 所示。

图 8-43　驱动人生官网

360 驱动大师官网如图 8-44 所示。

图 8-44　360 驱动大师官网

注意：所有的驱动软件都有轻巧版和网卡版两种版本，区别在于，网卡版所有的驱动程序都已经集成在软件中，而轻巧版的所有驱动程序都需要在网络上重新下载。

3. 驱动程序安装步骤

系统如果没有正确安装驱动程序，该驱动程序对应的硬件设备上会出现叹号，如图 8-45 所示。

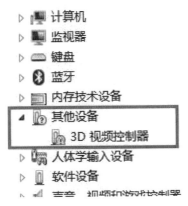

图 8-45　驱动程序错误安装提示

1）本地安装方式

（1）利用光盘安装驱动程序。硬件厂商提供的光盘非常契合本机的硬件设备且提供自动安装程序，只要正确打开光盘，鼠标单击驱动程序就可进行安装。

（2）驱动程序的安装包在计算机的硬盘驱动器上，可以按照以下步骤进行安装。

①右击"此电脑"，执行"管理"命令。

②进入系统管理窗口，在左侧边栏中找到"设备管理器"，单击打开。如图 8-46 所示，现在需要给一个网卡安装驱动程序，展开"网络适配器"，找到需要安装驱动程序的那一项，右击后单击"更新驱动程序"。

图 8-46　安装网卡驱动程序

③此时会弹出两个选项："自动搜索驱动程序"和"浏览我的电脑以查找驱动程序"，如图 8-47 所示。执行第一项，通过联网可以找到最新的驱动程序，若是找不到相应驱动程序，可执行第二项。

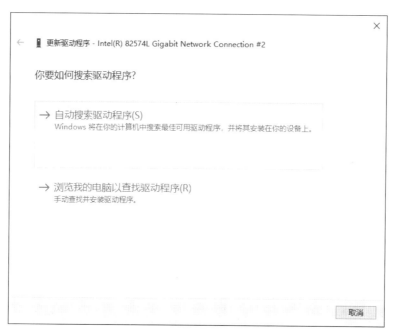

图 8-47　选择搜索驱动程序的方式

④执行"浏览我的电脑以查找驱动程序"，找到已经下载或备份好的驱动程序安装包，单击"确定"即可开始更新驱动程序，如图 8-48 所示。

图 8-48　找到驱动程序安装包并单击"确定"

⑤安装成功的界面如图 8-49 所示。

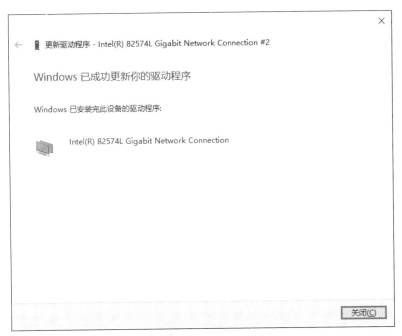

图 8-49　安装成功

⑥在计算机管理的菜单栏上，执行"操作"→"扫描检测硬件改动"。

2）驱动软件安装方式

使用驱动软件进行驱动程序的安装，主要是为了准确搜索计算机的各种硬件设备型号对应的驱动程序并进行下载和快速安装，且驱动软件能够列出所有需要安装的驱动程序及程序在不同时期的版本。本书使用"驱动人生"进行讲解，读者也可以自行下载其他软件。

（1）下载"驱动人生"软件。

（2）下载并安装完成后，打开软件，选择"驱动管理"，如图 8-50 所示。

图 8-50　驱动管理界面

（3）单击驱动管理下方的"立即扫描"选项。

（4）扫描完成即可看到所有需要安装驱动程序的设备，如图 8-51 所示。

图 8-51　需要安装驱动程序的设备

（5）勾选要安装驱动程序的设备，单击"一键修复"即可自动安装正确的驱动程序。

4.驱动程序安装注意事项

下载驱动精灵等软件时，如果没有网络支持，最好下载万能网卡版的驱动程序，可以在安装时直接驱动网卡程序，保证机器正常上网和驱动模块的正常下载。软件在安装时，会捆绑各种小插件，注意取消。

驱动程序在安装时可能出现安装失败的现象，主要的原因如下。

1）设备损坏

（1）接口损坏，包括计算机的 USB 接口、耳机接口等，需要送店维修。

（2）连接线损坏，需更换一根连接线测试。

（3）连接的硬件设备损坏，鼠标、键盘、U 盘等损坏有可能导致驱动程序安装失败。

2）设备不兼容

设备与系统、主板硬件不兼容也会导致驱动程序安装失败。如果是自动安装失败，可以尝试去官网搜索匹配的驱动程序进行安装。如果对应的驱动程序仍无法安装，那么可以尝试更新一下芯片组驱动程序。如果搜索不到系统对应的驱动程序，说明设备不适配，只能重装系统或更换设备。

任务 8-4　软件安装

计算机的软件分为操作系统和应用软件，那么应用软件有什么好的安装方法呢？哪些软件可以帮助用户更方便地使用计算机呢？

1.优化软件的安装与使用

首先，下载 360 安全卫士，安装后进行调试。

1）计算机体检

在 360 安全卫士首页单击"立即体检"（见图 8-52），查找计算机存在的问题。图 8-53 所示为计算机体检结果，执行"一键修复"。

图 8-52　360 安全卫士"立即体验"界面

图 8-53　计算机体检结果

2）木马查杀

木马查杀（见图 8-54）支持对计算机全盘扫描或者对指定位置扫描，当扫描到危险的文件后，会提示用户并将文件放到隔离区。用户确认文件是否安全，是否可以移到信任区。还可以对杀毒引擎进行更新。此外，在网络上下载的文件，也会被 360 安全卫士进行文件查杀。

图 8-54　木马查杀

3）计算机清理

计算机运行久了会产生很多垃圾，占用着系统的磁盘空间，计算机清理功能（见图 8-55）可以针对指定区域（系统盘、软件、注册表、cookie 等）进行清理，让系统运行更加流畅。

图 8-55　计算机清理

4）系统修复

系统修复（见图 8-56）可以对补丁、漏洞、驱动以及软件进行检测和修复。针对恶意软件对计算机主页进行修改的问题，系统修复提供了主页锁定功能。

图 8-56　系统修复

5）优化加速

优化加速（见图 8-57）可以对开机时间、系统、网络和硬盘进行加速，并对开机启动项进行管理，优化用户体验。

图 8-57　优化加速

6）功能大全

功能大全（见图 8-58）提供各种工具和常见的计算机故障案例，用户可以进行故障的诊断和修复。

图 8-58　功能大全

7）软件管家

利用软件管家（见图 8-59）可以快速高效地在网上下载各种软件。

图 8-59　360 软件管家

2. 办公软件的下载与安装

（1）从金山办公官网可以下载 WPS Office 办公软件，如图 8-60 所示。

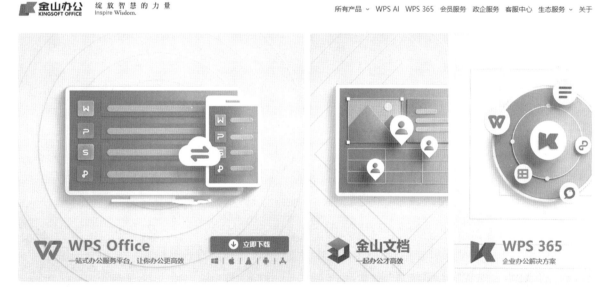

图 8-60　WPS Office 下载界面

（2）下载后可以看到一个".exe"文件，双击文件，等待几分钟，即可完成安装。WPS 可新建文字（word）、演示（PPT）、表格（excel）等文件，如图 8-61 所示。

图 8-61　WPS 新建文件

3. 软件安装注意事项

计算机自身的功能是非常少的，为了满足娱乐和工作的需求，用户经常会下载和安装各式各样的软件，那么下载和安装软件时需要注意什么呢？

（1）安装软件的来源需要安全，一般来说，软件需要从官方网站上下载。

（2）选择最新版本软件。

（3）安装软件时尽量选择自定义安装。在安装路径的选择上，除某些软件必须安装在系统盘以外，尽量不要选择系统盘。系统盘安装太多软件会使计算机运行速度变慢。

（4）安装完成后注意开机启动项的管理，很多软件会自动设置为开机自启动，需要在设置中取消开机自启动。

（5）对于一些不明来源的软件，尽量不要下载和安装，避免计算机中病毒和个人信息泄露。

 拓展训练

训练要求

使用正版安装光盘和外接 USB 光驱为计算机安装 Windows 10 操作系统。

训练思路

将 USB 光驱连接到计算机，在 UEFI BIOS 中设置 USB 光驱启动，然后将安装盘放入光驱，并使用光盘启动计算机，安装操作系统。

训练提示

（1）启动计算机，当出现自检画面时按"Delete"键。

（2）进入 UEFI BIOS 设置主界面，单击上面的"启动"按钮。

（3）打开"启动"界面，在"设定启动顺序优先级"栏中选择"启动选项 #1"。

（4）在"启动选项 #1"对话框中选择"USB CD/DVD"。

（5）返回"启动"界面，单击上面的"保存并退出"按钮。

（6）打开"保存并退出"界面，在"保存并退出"栏中选择"存储变更并重新启动"。

（7）弹出一个提示框，要求用户确认是否保存并重新启动，单击"是"按钮，完成计算机启动顺序的设置。

（8）将光驱连接到计算机，再将 Windows 10 操作系统安装光盘放入光驱。

（9）重新启动计算机后，计算机会自动运行安装程序，对安装光盘进行检测，屏幕上会显示安装程序正在加载安装需要的文件。

（10）其后的具体操作与使用 U 盘安装 Windows 10 操作系统的操作完全一致。

项目 9

硬件常见故障处理

项目导入 ▶

　　随着计算机和网络的应用普及，它们已经成为人们工作、生活、娱乐不可缺失的一部分。但由于人们对计算机硬件的日常保养不够了解，计算机出现的故障常常给人们带来很大的困扰。

　　计算机故障分为很多种，根据发生的位置，一般分为硬件故障和软件故障两种。硬件故障主要是由于主机和其他硬件设备使用不当引起的故障，如主机芯片损坏、内存条烧坏等。

学习目标 ▶

知识目标

（1）了解计算机硬件故障产生的原因。

（2）了解计算机主要配件发生故障的原因。

能力目标

（1）能够掌握 CPU 常见故障及解决方法。

（2）能够掌握主板常见故障及解决方法。

（3）能够掌握内存常见故障及解决方法。

（4）能够掌握硬盘常见故障及解决方法。

（5）能够掌握其他配件常见故障及解决方法。

素养目标

（1）善于观察细节，发现问题并及时处理。

（2）对于计算机组装与维护过程中的细致工作，保持耐心，细心完成。

（3）学以致用，将学到的理论知识应用于实际的计算机组装与维护工作中。

任务 9-1　硬件故障原因及诊断方法

在计算机的日常使用中，对于初学者，计算机总是显得不那么友好。越是不懂计算机的人，计算机出现的问题可能就越多，归根结底是因为初学者不了解计算机的运行原理和制作工艺。

1. 硬件故障发生的原因

1）工作环境原因

（1）灰尘是计算机硬件"杀手"。灰尘会附着在计算机部件之上，日积月累，厚厚的灰尘把外设和插槽隔离，造成部件接触不良，加速电子元件老化。大量灰尘附着（见图 9-1）会造成散热不良、芯片过热、计算机运行速度缓慢、死机和自动重启现象频繁发生，从而影响正常使用。而芯片过热还能导致电路板被烧毁（见图 9-2）。

图 9-1　堆积灰尘

图 9-2　电路板烧毁

（2）空气湿度过大。潮湿环境中的水分会腐蚀计算机元件，使得它们过早老化和废旧，引起图9-3所示的电容鼓包现象。

图9-3　电容鼓包

（3）震动。震动会造成硬盘损毁和部件接触不良。

（4）静电。静电会击穿记忆体、主板芯片、主板三极管等，静电故障如图9-4所示。

图9-4　静电故障

2）硬件质量原因

（1）电源。电源功率不够、质量低劣，会造成计算机自动关机和反复启动，最终导致硬件损坏，无法启动计算机。劣质电路设计如图9-5所示，电路元件烧毁如图9-6所示。

图 9-5　劣质电路设计

图 9-6　电路元件烧毁

（2）机箱。机箱板材薄，做工粗糙，导致共振损坏硬盘，主板变形导致元件虚连，严重者将烧毁主板、按键失灵。机箱选择不当会使机箱内部温度过高，加速元件老化，影响计算机运行速度。

（3）散热风扇。散热风扇的质量低劣体现在其噪声大、转速慢等问题上，它可导致 CPU、GPU、主板芯片组过热。CPU 过热会导致计算机运行速度缓慢，死机和自动重启现象频繁发生；GPU 过热会导致显卡花屏、黑屏；主板芯片组过热会导致芯片组焊点虚连。

（4）内存。劣质的内存会导致蓝屏、黑屏、死机及不兼容等现象发生。

2. 故障检测基本原则

1）检测前进行必要的环境清洁

计算机的工作环境在很大程度上影响着硬件的工作效果，很多硬件的故障都是环境差引起的。湿度大或灰尘大的环境都会损伤计算机硬件，减短其使用寿命。因此，在计算机硬件的维护以及故障检查中，首先要清洁计算机外和机内的工作环境，防止环境原因引起计算机硬件发生故障。

2）注意硬件维护的顺序

在计算机维护过程中，首先应关注计算机外设的维护。根据计算机报错信息逐步检查外部设备的工作情况，快速分析和排除外设故障。随后，着眼于较为复杂的主机故障分析和日常维护。

其次，在维护计算机时，需特别注意对计算机电源部件进行维护和检修。电源功率不足会影响计算机正常工作，然而，电源部件的维护常常被用户忽视。

然后，应在计算机断电状态下进行硬件检查，并做必要的测量工作。再通电，进行相关的检查，以防止硬件故障更严重。

最后，在进行硬件故障分析和排除时，首先需要考虑硬件的常见故障，执行通常的维修措施，再专门对特别的故障进行具体分析和维修，这样有助于高效解决问题。

总之，计算机的维护工作一定要秉承着"先软件后硬件，先简单后复杂"的基本原则来进行。

3. 故障诊断方法

1）观察法（摸、看、听、闻）

观察法，即直接观察法，是一种检查计算机故障的方法。这种方法通过摸、看、听、闻等辅助手段来对计算机进行初步检查。例如，观察计算机元件是否有火花、异常声音，是否过热、烧焦等。同时，还要检查保险丝是否熔断，芯片管脚是否虚焊，电子元器件是否接触不良，以及是否有连线断开、腐蚀等明显的故障。这种方法可以帮助人们快速初步判断计算机故障，并为后续维修提供参考和指导。

"摸"就是用手触摸计算机元件，通过感受到的温度变化来判断故障部位。一般来说，计算机的大部分电子元器件和芯片在接通电源工作一段时间后，其温度都有不同程度的升高（但对于电解电容，尤其是大容量电解电容，则不应有温度升高的现象（温升），如果温度升高或漏液，说明有漏电现象），其中以大功率管的温升为最高，用手接触管壳或散热片有明显的发热感觉。如果没有温升，或因电流过大而温升过高，都是不正常现象。一般情况下，电子元器件和芯片发热的外壳温度不超过40~50℃，手摸上去有些温度，但大功率组件的温度要高很多。如果手摸上去很烫，则该电子元器件或芯片可能有内部短路现象，使电流过大而发热。一般情况下，计算机电子元器件或芯片烧毁时，会发出臭味，此时应立刻关机检查。手摸是有经验的维修人员喜欢采用的方法，初学者最好不用手摸，避免烫伤，要用温度传感器测试。

"看"就是对电路板进行仔细观察（有时还要使用放大镜），重点查看计算机主板信号导线有无断线，芯片管脚是否虚焊、脱落，电路板上是否掉落有金属线、焊锡，是否有腐蚀现象等，发现后要及时处理。此外，还应观察某些芯片（如IC芯片）的外观和表面字迹的颜色，有无烧焦、龟裂、标识字迹颜色变黄等现象，如有，则更换这些组件。在接通电源后，尤其要仔细观察显示器指示灯是否亮，元器件之间尤其是高压部位有无火花或冒烟等情况。通过用眼睛观察，找出可疑点，然后进行判断，检查故障部位。

"听"就是在计算机接通电源后用耳朵听喇叭及其他部位有无异常声音，以帮助人们判断故障部位。

"闻"就是在计算机断开电源之后（或开机一会儿后），如果闻到较浓的焦煳味，则说明一定有被烧毁的元件。若是开机一会儿就闻到，则应立即关机。在未找出故障位置之前，一般不再接通电源。

2）最小系统法

最小系统就是由最少的部件组成的能正常运行的计算机系统。最小系统法是指拔去怀疑有故障的板卡和设备，并对比机器在此前和此后的运行情况，判断、定位故障所在。拔插板卡和设备的基本要求是保留系统工作的最小配置，以便缩小故障的范围。通常应首先安装主板、内存、CPU、电源，然后开机检测。如果正常，再连上键盘、显卡和显示器。如果正常，再依次加装软驱、硬盘、扩展卡等。拔去板卡和设备的顺序正相反。拔下的板卡和设备的连接插头还要进行清洁处理，以排除是因接触不良引起的故障。使用最小系统法如果不能启动计算机，则表示核心部件存在故障，可根据发出的报警声来分析和排除故障。

最小系统法分为3类系统测试。

（1）启动型（电源＋主板＋CPU）。

（2）点亮型（电源＋主板＋CPU＋内存＋显卡＋显示器）。

（3）进入系统型（电源＋主板＋CPU＋内存＋显卡＋显示器＋硬盘＋键盘），这个时候其实已经是完整的计算机了，不过光驱、软驱、打印机、电视卡、鼠标、摄像头、网卡、手柄之类的还没有插上。

3）替换法

替换法是用好的部件去代替可能有故障的部件，以判断故障现象是否消失的一种维修方法。好的部件可以是同型号的，也可以是不同型号的。

替换的顺序如下。

（1）根据故障的现象或故障类别，来考虑需要进行替换的部件或设备。

（2）按先简单后复杂的顺序进行替换，如先内存、CPU 后主板的顺序。又如要判断打印故障时，可先考虑打印驱动是否有问题，再考虑打印电缆是否有故障，最后考虑打印机或并口是否有故障。

（3）最先检查与怀疑有故障的部件相连接的连接线、信号线，之后替换连接线、信号线，然后替换供电部件，最后替换与之相关的其他部件。

（4）从部件的故障率高低来考虑最先替换的部件。故障率高的部件先进行替换。

任务 9-2　CPU 故障分析及日常维护

中央处理器的价格非常昂贵，一旦出现问题在经济上是一大损失。本任务学习判断 CPU 的故障。

1.CPU 故障分析

在所有计算机配件中，CPU 本身的故障率是最低的。CPU 本身有着严格的生产和检测制度，作为集成度非常高的高科技产品，因 CPU 本身有质量问题而导致故障的情况非常少见。所以 CPU 的故障类型不多，常见的有如下 3 种。

1）CPU 与主板没有接触好

当 CPU 与主板上的 CPU 插座接触不良时，往往会出现无法开机、显示器无显示信号等现象。这类故障的处理办法很简单——重新安装 CPU。

2）CPU 温度过高

CPU 温度过高会导致计算机出现许多异常现象，如自动关机、运行卡顿、自动重启等。可能的原因：CPU 导热硅胶涂抹过多或过少；风扇机械损坏或扇叶老化；散热片积压灰尘过多；散热器安装不牢固导致受力不均匀等。

3）其他部件故障

当主板、内存、电源等硬件设备出现故障时，也可能会对 CPU 造成损害。判断这类假故障的方法主要是替换法，需要交换到其他主机检测相应硬件设置。

2.CPU 的保养方法

1）解决散热问题

要保证计算机稳定运行，首先要解决散热问题。高温不仅对 CPU 影响极大，对于所有电子产品而言，工作时产生的高温如无法快速散掉，将直接影响其使用寿命。CPU 在工作时间产生的热量是相当可怕的，特别是一些高主频的处理器。CPU 的正常工作温度为 35~65℃，具体温度根据不同的 CPU 和不同的主频而定，因此要为处理器选择一款好的散热器，不仅要求散热风扇质量够好，而且要选择散热片材质好的产品。

通常情况下，盒装处理器所带的散热器大都可以满足此款产品的散热需求。但假如想超频，那么盒装处理器附带的散热器是绝对无法满足其散热需求的，这时需要为 CPU 选择一款散热性能更好的产品。假如 CPU 运算能力足够，不建议对处理器进行超频。因为即使散热器足够好，超频后的 CPU 寿命也会减少。另外，可通过测速、测温软件来实时检测 CPU 的温度与风扇的转速，以保证随时了解 CPU 散热器的工作状态及 CPU 的温度。

另外，还要保障机箱内外的空气流通顺畅，保证机箱内部产生的热量可以及时散出去。散热工作做好了，可以使死机现象减少。

2）要选择轻重适宜的散热器

为了解决 CPU 散热问题，选择一款好的散热器是必须的。不过在选择散热器的时候，也要根据计算机的实际情况购置适宜的产品。不要一味地追求散热而购置既大又重的"豪华"产品。这些产品虽然好用，但由于自身具有相当的重量，因此时间长了不但会造成与 CPU 无法严密接触，还容易将 CPU 脆弱的外壳压碎。

3）要做好减压和避震工作

在做好散热工作的同时，还要做好 CPU 处理器的减压与避震工作。CPU 毁于散热风扇扣具压力的消息时有耳闻，主要表现为 CPU 核心被压毁。因此在安装散热器时，要注意用力均匀，扣具的压力亦要适中，可根据实际需要仔细调整扣具。另外，如今风扇的转速很高，这时出现了共振的问题，长期如此，会造成 CPU 与散热器之间无法严密结合、CPU 与 CPU 插座接触不良，解决的方法就是选择正规厂家出产的散热风扇，转速适当。注意扣具安装须正确。

4）勤除灰尘、用好硅脂

灰尘要勤去除，不能让其积聚在 CPU 的外表上，以免造成短路烧毁 CPU。硅脂在使用时要涂于 CPU 外表上，薄薄一层就可以，过量有可能会渗到插槽，造成元件毁坏。硅脂在使用一段时间后会干燥，这时可以除净后再重新涂上硅脂。改进的硅脂更要小心使用，因改进的硅脂通常掺入了碳粉（如铅笔芯粉末）和金属粉末，这样的硅脂有了导电的能力，在计算机运行时渗到 CPU 外表的电容和插槽上，后果不堪设想。平时在安装 CPU 时要注意身体上的静电，特别在秋冬季节，消除静电的方法可以是事前洗洗手或双手接触一会儿金属水管之类的导体，以保平安。

任务 9-3　主板常见故障分析

主板是计算机最重要的配件之一。主板本身的故障率并不是很高，由于计算机中几乎所有配件都要通过主板连接在一起，因此更多情况下是通过主板发出的信息判断其他设备存在的故障。

计算机在使用过程中，如果主板出现以下故障，将如何处理？

（1）主板安装失误导致系统异常，启动后，运转一分钟，自动关机。

（2）主板无法正常启动，同时发出警报声。

下面对主板常见的故障进行分析。

1.CMOS 易掉电，时钟不准

开机自检时出现" CMOS checksum error – Defaults loaded"的提示，此时必须按 F1 键，跳过检测才能正常开机。这种情况发生很可能是因为主板上给 CMOS 供电的钮扣电池没有电量。需要更换电池，再次启动计算机，重新设置系统时间。

2. 主板元器件及接口损坏

主板上有很多芯片、电容、电阻等元器件，这些元器件可能会因某种原因损坏而导致主板不能正常工作。例如，主板上的 EPROM 芯片极易被静电击穿，从而导致开机时出现" Verifying DMI Pool Data"提示后死机的情况；CPU 插座附近的电容如果有质量问题，很可能在使用一段时间后出现"爆浆"的严重故障；若电源质量不好，或者其他配件短路，往往会让主板上的电阻烧毁。对这类故障的判断，可反复查看待修的主板，查看插头、插座是否歪斜，电阻、电容引脚是否相碰短路，芯片表面是否烧焦或开裂，主板上的铜箔是否烧断等。

3. 主板兼容及稳定性故障

主板的兼容性故障也是比较常见的，比如无法使用大容量硬盘，无法使用某些品牌的内存或 RAID（redundant arrays of independent disks，独立磁盘冗余阵列）卡等设备。导致这类问题的原因，一是主板用料和做工存在问题，二是主板 BIOS 存在问题（一般通过升级到新版的 BIOS 能够解决）。

主板稳定性故障也经常出现，这类故障往往是由于接触不良、元件性能变差从而使芯片逻辑功能处于时而正常时而不正常的临界状态而引起的，如由于 AGP 插槽变形造成显卡与插槽接触不良导致故障。还有一个不可忽视的问题就是因为桥芯片过热而导致系统运行不稳定。简单说一下主板的保养问题。主板最大的"敌人"就是灰尘，灰尘可能令主板遭受"致命的打击"，因此应定期打开机箱用毛刷和吸尘器除去主板上的灰尘。

4. 芯片组与操作系统的兼容问题

在安装好操作系统后，发现在系统的设备管理中总有一名为"PCI SYSTEM MANAGEMENT BUS"的不明设备无法消除。这主要是因为主板芯片组与操作系统存在兼容性问题，需要安装相应的补丁程序来让操作系统正确识别主板芯片组类型。如果不安装补丁程序，还可能导致声卡工作不正常（播放声音语调变快）、显卡驱动程序无法正确安装、硬盘无法打开 DMA 模式、进入节能状态后无法唤醒等故障。

5. BIOS 设置不当导致的故障

因主板 BIOS 设置不当导致的故障很常见。例如，系统无法正常启动多与 BIOS 设置有关，像硬盘类型设置有误或者启动顺序设定不当。如果将光驱所在 IDE 接口设置为"NONE"，会导致计算机无法从光驱启动。若设置的 USB 启动设备类型与实际使用的设备不匹配，计算机也无法正常启动。

当因为 BIOS 设置不当导致故障时，可以执行"Load Default BIOS Setup"选项，将主板的 BIOS 恢复到出厂时默认的初始状态。

任务 9-4　内存常见故障分析

大部分内存故障都是假性故障或软故障，在使用交换法排除了内存自身问题后，应将诊断重点放在以下 3 个方面。

1. 接触不良

内存与主板插槽接触不良，内存控制器出现故障。这种故障表现为打开主机电源后屏幕显示"error：unable to control a20 line"等出错信息后死机。解决的方法：仔细检查内存是否与插槽保持良好的接触，如果怀疑内存接触不良，关机后将内存取下，重新装好即可。内存接触不良会导致启动时发出警示声。

2. 内存出错

Windows 系统中运行的应用程序非法访问内存、内存中驻留了太多的应用程序、活动窗口打开太多、应用程序相关配置文件不合理等原因均能导致屏幕出现许多有关内存出错的信息。解决的方法：清除内存滞留程序、减少活动窗口、调整配置文件、重装系统等。

3. 内存与主板不兼容

这种故障产生的原因是在配置计算机或升级计算机时，选择了与主板不兼容的内存。解决的方法：更换内存。

任务 9-5　硬盘常见故障分析

硬盘是计算机中重要的数据载体，由于使用频率高，且存在高速运行的机械部件，也是计算机中故障率最高的重要配件。硬盘故障轻则导致数据丢失，重则整个硬盘报废。

随着硬盘的容量越来越大，转速越来越快，硬盘发生故障的概率也越来越高。硬盘不像其他硬件那样有可替换性，因为硬盘上一般都存储着用户的重要资料，一旦发生严重的不可修复的故障，损失将无法估计。

下面对硬盘常见的故障进行分析。

1.Windows 初始化时死机

这种情况比较复杂，首先应该排除其他部件出现问题的可能性，如系统过热或病毒破坏等，如果最后确定是硬盘故障，应尽快备份数据，更换硬盘。

2. 运行程序出错

进入 Windows 后，运行程序出错，同时运行磁盘扫描程序时缓慢停滞甚至死机。如果排除了软件方面的设置问题，就可以肯定硬盘有物理故障，只能通过更换硬盘或隐藏硬盘扇区来解决。

3. 磁盘扫描程序发现错误甚至坏道

硬盘坏道分为逻辑坏道和物理坏道两种：前者为逻辑性故障，通常为软件操作不当造成的，可利用软件修复；后者为物理性故障，表明硬盘磁道产生了物理损伤，只能通过更换硬盘或隐藏硬盘扇区来解决。对于逻辑坏道，Windows 自带的磁盘扫描程序就是最简便常用的解决手段。对于物理坏道，可利用一些磁盘软件将其单独分为一个区并隐藏起来，让磁头不再对隐藏分区进行读写，这样可以在一定程度上延长硬盘的使用寿命。除此之外，还可以通过第三方修复工具对硬盘进行软修复。

4. 零磁道损坏

零磁道损坏的表现是开机自检时屏幕显示"hdd controller error"，而后死机。一般情况下，零磁道损坏很难修复，只能更换硬盘。

5.BIOS 无法识别硬盘

BIOS 突然无法识别硬盘，或者即使能识别，也无法用操作系统找到硬盘，这是最严重的故障。具体方法是首先检查硬盘的数据线及电源线是否正确安装，然后检查 IDE 接口或 SATA 接口是否发生故障。如果问题仍未解决，可断定硬盘出现物理故障，需更换硬盘。

任务 9-6　显示系统常见故障分析

显卡和显示器组成了计算机显示系统。正常情况下，显卡故障率并不高，但随着应用增多和性能飞速提升，显卡故障率增长也很迅速。而显示器是计算机中比较特殊的部件，它与主机相对独立，作为强电设备，切不可擅自维护。

1. 显卡故障分析

显卡故障比较难于诊断，因为显卡在出现故障后，往往不能从屏幕上获得必要的诊断信息。常见的显卡故障有如下 4 种。

1）开机无显示

出现此类故障一般是因为显卡与主板接触不良或主板插槽有问题（进行清洁即可）。对于一些集成显卡的主板，如果显卡内存（显存）共用主内存，则需注意内存的位置，一般在第一个内存插槽上应插有内存。

2）显示颜色不正常

此类故障一般是显卡与显示器信号线接触不良或显卡物理损坏而导致的。解决方法是重新插拔信号线或更换显卡。此外，也可能是显示器的原因。

3）计算机死机

出现此类故障一般是由于主板与显卡不兼容或主板与显卡接触不良，这时需要更换显卡或重新插拔。

4）花屏

此故障表现为开机后显示花屏，看不清字迹。此类故障可能是显示器分辨率设置不当引起的。处理方法是进入 Windows 的安全模式重新设置显示器的显示模式。此外，也可能是显卡的显卡芯片散热不良或显存容量低导致的，需要改善显卡的散热性能或更换显卡。

2. 显示器故障分析

1）水波纹和花屏问题

对于水波纹问题，首先请仔细检查一下计算机周边是否存在电磁干扰源，然后更换一块显卡或将显示器接到另一台计算机上，确认显卡本身没有问题，再调整一下刷新频率。如果排除以上原因，很可能就是该液晶显示器的质量问题，比如存在热稳定性不好的问题。出现水波纹是液晶显示器比较常见的质量问题，自己无法解决，建议尽快更换或送修。

有些液晶显示器在启动时出现花屏问题，这种现象一般在通过普通 VGA 接口连接时容易出现，究其原因，主要是液晶显示器本身的时钟频率很难与输入模拟信号的时钟频率保持百分之百的同步。特别是在模拟同步信号频率不断变化的时候，如果此时液晶显示器的同步电路，或者是与显卡同步信号连接的传输线路出现了短路、接触不良等问题而不能及时调整跟进以保持必要的同步关系，就会出现花屏的问题。

2）显示分辨率设定不当

由于显示原理的差异，液晶显示器的屏幕分辨率并不能随意设定，一般都有个最佳值，即真实分辨率。只有在真实分辨率下，显示器才能显现最佳影像。当设置为真实分辨率以外的分辨率时，一般通过扩大或缩小屏幕显示范围来保持显示效果，超过部分则黑屏处理，感觉不太舒服。也可以使用插值方法，该方法使得显示器无论在什么分辨率下仍保持全屏显示，但这时显示效果就会大打折扣。另外，液晶显示器的刷新率与画面质量也有一定关系，大家可根据实际情况设置合适的刷新率，一般设为 60 Hz。台式机显示器尺寸及对应的最佳分辨率如表 9-1 所示。

表 9-1　台式机显示器尺寸及对应的最佳分辨率

显示器尺寸	最佳分辨率
18.5 英寸	1366*768
19 英寸	1440*900
20 英寸	1600*900
21.5 英寸	1920*1080
22 英寸	1680*1050
23 英寸	1920*1080
24 英寸	1920*1080
27 英寸	1920*1080
27 英寸	2560*1440

任务 9-7　硬件常见故障排查及解决方法

1. 主板常见故障

故障 1： 开机时显示器无显示。

故障排查：

需先检查各硬件设备的数据线及电源线是否均已连接好，尤其是显示器和显卡，如果这些设备损坏、未连接好或各插槽损坏等，就会导致没有响应，且容易造成开机时无显示的情况。

如果这些设备本身及连线都没有问题，可以从以下 3 个方面来查找原因。

（1）检查主板 BIOS。主板的 BIOS 中存储着重要的硬件数据，同时它的运行很大程度上会依赖 CMOS 电池。

（2）CPU 频率在 CMOS 中设置不正确或 CPU 被超频也容易引发开机无显示的故障。

（3）主板无法识别内存、内存损坏或者内存不匹配也会导致开机无显示。

解决方法：

主板恢复为最安全的设置，或更换内存。

故障 2： 开机后屏幕上显示"Device error"，并且硬盘不能启动。

故障排查：

打开机箱，观察 CMOS 电池是否松动。如未松动，查看电池电量是否充足。

解决方法：

重新设置 CMOS 参数或更换主板电池。

故障 3： 计算机通电后自动开机。

故障排查：

主板 BIOS 中的"Power Management Setup"（电源管理设置）中，有一个选项为"Power After PW-Fail"（State After Power Failure），用来控制电源故障断电之后来电自动开机。查看此项设置。

解决方法：

如果"Power After PW-Fail"项的值被设置为"ON",接通电源后计算机往往就会自动开机,所以把该项值设置为"OFF",即可关闭这项功能,再接通电源后就不会自动开机了。如果主板 BIOS 设置中没有这个选项,可在 Power Management Setup 中查看 ACPI 功能是否打开,若未打开,将该项设置为"Enabled"也可解决这种问题。

故障 4：计算机无法正常启动。

故障排查：

使用替换法依次检查硬件设备。

解决方法：

首先检查内存问题,取出内存条,把内存条上的灰尘或氧化层用橡皮擦干净,然后重新插入内存插槽。如问题没有得到解决,再看是否是显卡或其他板卡的问题。最后再判断是否是 BIOS 或 CPU 的问题。如是 BIOS 设置错误,可通过对 BIOS 放电解决问题,如依然无法解决,则只能将相关硬件依次更换。若是 CPU 的问题,则只能更换 CPU。

故障 5：计算机运行时突然死机,重启后不定时死机。

故障排查：

检查内存与主板的接触情况、兼容性问题及主板电子元器件是否良好。

解决方法：

首先检查内存条与主板接触是否良好。重插一遍内存条后,若故障依然存在,接着检查是否有不同型号的内存,排除由型号不同的原因引起的故障。最后怀疑是否内存与主板不兼容,若是如此,当用其他型号的内存替换后,故障可消失。如还未消除故障,可仔细检查主板上的电子元器件,可能是电容、电阻等元器件发生损坏,更换后,可解决问题。

故障 6：计算机 USB 接口连接 U 盘没有问题,但接 USB 移动硬盘时计算机没有显示。

故障排查：

因 USB 接口在接入 U 盘时正常工作,所以排除 USB 接口问题。在确定 USB 移动硬盘本身没有问题的情况下,可以确定主要原因是 USB 接口供电不足,导致无法识别 USB 移动硬盘。

解决方法：

将移动硬盘的所有接口全部接入 USB 直连接口或使用外接电源。

故障 7：每次开机总提示需设置 CMOS,设置后再开机仍然出现提示。

故障排查：

从故障表现上看,此故障为 CMOS 电池电压不足造成的。可先检查主板 CMOS 跳线是否有问题。

解决方法：

主板 CMOS 跳线如无问题,可更换主板电池。如还未解决故障,则可判断主板电路出现问题,需要返回厂家维修。

故障 8：计算机使用多年,无严重故障。一次开机后,光驱指示灯微亮,托盘无法弹出,硬盘灯不亮,显示器无任何显示,计算机不能启动,几分钟后系统正常工作。

故障排查：

可通过替换法依次排查硬件设备。但针对偶然事故,该故障多为接触不良或电压不稳导致的,可仔细检查电容、电阻等元器件。

解决方法：

更换损坏的电容、电阻等元器件。

故障 9：开机自检时，出现"Keyboard Interface Error"提示后死机。拔下键盘，重新接入后，可正常启动系统，短时间使用后，键盘无反应。

故障排查：

该现象表明是键盘接口松动的原因。需要注意带电插拔键盘可能会导致主板保险电阻熔断。

解决方法：

更换键盘连接端口。

2. CPU 常见故障

故障 1：计算机超频后工作极不稳定，经常出现死机或乱码甚至出现无法启动的现象。

故障排查：

可能是 CPU 超频不稳定引起的故障。

解决方法：

开机后，用手感受一下 CPU 的温度。确认 CPU 温度过高后，进入 BIOS 中适当地为 CPU 降频或恢复到出厂默认设置。在超频时，要保证 CPU 的散热和硬盘温度适宜。如果问题没有解决，需要为 CMOS 电池放电以恢复 BIOS 默认设置。

故障 2：为了加强散热效果，在散热片与 CPU 之间安装了半导体制冷片，同时为了保证导热良好，在制冷片的两面都涂上硅胶。计算机在使用了一段时间后出现开机后黑屏现象。

故障排查：

计算机黑屏现象可能是 CPU 散热器和 CPU 接触不良、显卡问题、显示器问题、CPU 损坏等导致的。

解决方法：

可通过以下步骤检查和排除故障。

（1）因为是突然死机，所以怀疑是硬件松动而引起的接触不良。打开机箱把硬件重新插一遍后开机，故障依旧。

（2）因为从显示器的指示灯来判断无信号输出，所以使用替换法检查显卡，发现显卡没问题。

（3）检查显示器，使用替换法同样发现显示器没问题。

（4）检查 CPU，发现 CPU 的针脚有点发黑并有绿斑，这是生锈的迹象，看来故障应是此原因引起的。原来，制冷片的表面温度过低而结露，导致 CPU 长期工作在潮湿的环境中，日积月累，终于产生锈斑，造成接触不良，从而引发这次故障。

（5）拿出 CPU，用橡皮仔细擦拭每一个针脚，然后把制冷片取下，再装好机器，然后开机，故障排除。

故障 3：计算机经常死机，在 BIOS 的"PC Health Status"中查看 CPU 温度（Current CPU Temperature），发现 CPU 温度在 75℃以上。

故障排查：

由于 CPU 散热器电源线松动或风扇损坏，或者风扇上灰尘太多而导致风扇不转或散热效果不好，进而 CPU 温度过高，因此引起计算机速度变慢、死机或重启。

解决方法：

通过清理机箱和 CPU 风扇上的灰尘，或更换 CPU 散热器等方式降低 CPU 温度。

故障 4：计算机每次启动时屏幕上都显示"CPU Fan Error"。

故障排查：

应该是 CPU 的散热器出现故障。查看之后却发现风扇正常工作。之后进入 BIOS 查看，发现 CPU 风扇转速的数据显示在 "CHA FAN Speed" 一栏里面，即 CPU 散热器的电源接口接在了机箱的散热风扇的接口上。

解决方法：

CPU 风扇接口连接错误导致主板无法读取数据，将 CPU 散热器的电源接口接在正确位置，保证主板芯片可读取 CPU 风扇正确数据即可。

3. 内存常见故障

故障 1： 计算机工作一段时间后就会无故死机、重启，或者提示内存资源不足。

故障排查：

检查机箱内温度和内存品牌规格。

解决方法：

（1）内存的散热要保证。一般情况下，保证室温不过高，保持机箱通风良好，内存和主板上无过多灰尘、污垢即可。

（2）如果使用多条内存，尽量选择同品牌、同规格的内存，以免出现兼容性问题。

（3）保证内存与主板接触良好。

故障 2： 运行某些软件时，弹出对话框提示内存资源不足。

故障排查：

此现象一般是由虚拟内存不足造成的。

解决方法：

删除系统盘上的一些无用文件，多留一些空间即可，或将虚拟内存设置在剩余空间较多的磁盘上。

故障 3： 一台计算机突然不能正常启动，开机报警。根据报警信号推断为内存故障，但更换新内存后，仍然不能启动，黑屏无响应。

故障排查：

开机黑屏无响应，可能是主板、显卡、CPU、内存、电源的问题，将硬件安装到别的计算机上逐一进行检测。

解决方法：

如无问题，可在清除 CMOS（CMOS 放电）后启动计算机，恢复正常。

故障 4： 内存报警。

故障排查：

内存报警的根本原因有内存损坏、主板的内存插槽损坏、主板的内存供电或相关电路有问题、内存与内存插槽接触不良等。

解决方法：

对于内存损坏、主板的内存插槽损坏、主板的内存供电或相关电路有问题的情况，可以通过替换法查出故障元件，再对坏件进行维修或更换。对于内存与内存插槽接触不良的情况，可通过重新插拔内存条、清除总线接口表面氧化物来解决。

4. 硬盘常见故障

故障 1： 开机启动找不到硬盘。

故障排查：

在 BIOS 中检测有没有硬盘，若没有，可能是以下原因所致。

（1）硬盘电源没有接上或者连接不好，或是硬盘的数据线没有连接好。

（2）查看硬盘接口电路是否有问题。把这个硬盘安装到其他计算机上试试。

如果在 BIOS 中检测到有硬盘，但不能成功启动系统，则可能是以下原因所致。

（1）硬盘还没有被分区格式化，系统自然不能启动。

（2）系统被破坏，不能启动。

（3）硬盘磁道上有严重的物理损坏，或硬盘控制器上其他部分被损坏。

解决方法：

更换线路或更换设备以解决问题。

故障 2： 读 / 写时硬盘出现"咔咔"的声音。

故障排查：

硬盘出现异响，基本上都是物理坏道导致硬盘磁头在读取磁盘片数据时有困难，摩擦盘片表面时发出的声音。

解决方法：建议及时备份重要数据，更换硬盘

故障 3： 在自检时提示"Hard-disk drive failure"。

故障排查：

根据故障提示判断，造成此故障的原因可能是硬盘电路板损坏或盘体损坏。

检测步骤：

（1）进入 BIOS，检查 BIOS 中硬盘的参数，如发现没有可用硬盘。

（2）打开机箱，检查硬盘的数据线和电源线的连接情况，如数据线和电源线连接正常。

解决方法：

说明硬盘的固件损坏，必须将硬盘返厂进行维修。

故障 4： 开机后提示"Error Loading Operating System"或"Missing Operating System"。

故障排查：

根据故障提示信息分析，此故障是系统读取硬盘 0 面 0 道 1 扇区中的主引导程序失败引起的，造成读取失败的原因一般是分区表的结束标识"55AA"被改动。

解决方法：

通过相应软件对磁盘进行物理充磁。

故障 5： 开机后提示"No System disk. Booting from hard disk Cannot load from hard disk. Insert System disk and press any key"，此时按任意键都不能启动。

故障排查：

提示的含义是硬盘不是系统盘导致无法启动，提示插入系统盘并按任意键。

解决方法：

进入 BIOS，将双硬盘的另一块有系统文件的硬盘改为第一启动。

故障 6： 开机后提示"Operating System not found"，提示找不到系统。

故障排查：

出现这种现象可能有以下 4 种原因。

（1）系统检测不到硬盘。

（2）硬盘还未分区。

（3）硬盘分区表被破坏。

（4）计算机中安装有两块硬盘，可能是系统硬盘被设成从盘，而非系统盘却被设成了主盘。

解决方法：

如为上述问题，需要重新设置硬盘的主从位置、跳线和 BIOS 等。

故障 7： 计算机开机时总是自检到光驱后就停止，大约 1 分钟后出现 " Primary master hard disk fail Press F1 to continue " 的提示，按下 F1 键后出现 " verifying dmi pool data……disk boot failure, insert system disk and press enter " 的提示，重新启动后即可正常使用。

故障排查：

出现这种问题时，应该先卸下光驱，检查系统自检是否正常。如果正常，则 CMOS 中硬盘参数设置错误，最好使用 CMOS 中的 IDE HDD AUTO DETECTION 功能检测硬盘类型。如果还不行，检查硬盘接触是否良好，重点检查硬盘数据线、电源线接触是否良好。

解决方法：

更换硬盘数据线及更换电源。

5. 显示系统常见故障

故障 1： 计算机运行游戏时黑屏。

故障排查：

计算机在运行游戏软件时有一个共同的特点，就是屏幕的分辨率会进行切换。如果分辨率较高，计算机在运行一些大型游戏时就会切换成较低的分辨率。如果显卡驱动程序有问题，则很可能在切换分辨率时出现故障，从而导致计算机黑屏。

解决方法：

调整分辨率，升级显卡驱动，安装 DirectX 程序。

故障 2： 计算机更换显卡后无法设置分辨率。

故障排查：

可能是新旧显卡的驱动程序发生了冲突，导致系统不能正确使用显卡。

解决方法：

建议进入"安全模式"，卸载原驱动程序，安装正确的驱动程序。重新启动计算机后，即可调整显示分辨率等参数。

拓展训练

训练要求

准备相应工具，利用所学知识，对故障进行详细分析，找到故障原因，排除故障，并记录故障分析过程和排障过程。

训练思路

了解故障的分类，熟悉计算机故障分析与排除的基本原则。

训练提示

故障现象：

（1）计算机出现了开机无显示的情况；

（2）计算机开机后，无法找到硬盘。

步骤：

（1）两人为一组，互相设置故障；

（2）根据故障现象，运用知识进行故障初步判断；

（3）根据判断处理故障；

（4）整理记录。

项目 10

软件常见故障处理

项目导入

软件故障与计算机的软件紧密相关，是由于相关参数设置错误或软件本身出现故障导致计算机无法正常工作的情况。举例来说，当卸载软件时，若不使用卸载程序而直接删除程序所在文件夹，这不仅无法完全卸载软件，还会留下大量系统垃圾，从而引发系统故障。

软件故障的主要原因包括以下 3 点。

（1）软件不兼容：某些软件可能与操作系统或其他软件不兼容，导致冲突和故障。

（2）用户进行非法操作或误操作：在软件设置或使用过程中，不当操作可能引发软件问题。

（3）病毒破坏：恶意软件和病毒可能损坏计算机的软件，导致系统故障或数据丢失。

为避免软件故障，用户应谨慎操作，避免非法或误操作。使用合法的卸载程序定期移除软件，并保持系统和软件的更新与安全性，以防止病毒侵害。这样能有效减少软件故障的发生次数，确保计算机的稳定运行。

学习目标

知识目标

（1）分析计算机软件故障。

（2）了解计算机软件常见故障现象。

能力目标

（1）能够掌握计算机软件常见故障的解决方法。

（2）能够掌握系统蓝屏故障原因。

素养目标

（1）多角度思考，获得全面的解决方案。

（2）系统化思维，善于从整体上把握问题。

（3）在计算机组装与维护过程中保持耐心和细致的态度。

任务 10-1　BIOS 常见故障分析

计算机通电启动后，第一个响应的芯片就是 BIOS。它既是计算机的硬件芯片，又是计算机的第一软件。可以说，如果计算机能够进入 BIOS，计算机的硬件就没有什么大问题。如果计算机连 BIOS 都无法进行，那计算机就得进入"ICU 病房"了，即表示硬件或主板可能出现严重问题。因此，BIOS 在计算机的启动过程中扮演着重要的角色。

BIOS 的作用不容小觑，它为计算机提供了底层的基本功能，确保计算机能够正常工作。它是计算机通电后最先运行的程序，负责初始化和检查硬件设备，同时加载操作系统。通过保存系统设置信息，BIOS 能够为计算机提供稳定和可靠的运行环境。如果出现问题，用户可以通过 BIOS 设置界面进行调整和修复，解决一些常见的硬件问题。

在日常使用计算机时，建议用户了解一些基本的 BIOS 操作，以便在必要时进行设置和排查问题。同时，定期检查并更新 BIOS 版本也是维护计算机性能和安全性的重要措施之一。通过充分利用 BIOS 的功能，用户可以更好地管理和维护自己的计算机系统。

BIOS 如何为计算机进行检测呢？通过 POST（Power On Self Test）上电自检（自检程序）。

1. POST 上电自检的作用

POST 上电自检是计算机接通电源后，系统进行的一个自我检查的例行程序，对系统几乎所有的硬件进行检测。

POST 自检测过程大致为加电 → CPU → ROM → BIOS → SystemClock → DMA → 64 KB RAM → IRQ（interrupt request，中断请求）→显卡等。检测显卡以前的过程称为关键部件测试，如果关键部件有问题，计算机会处于挂起状态，习惯上称为核心故障。另一类故障称为非关键性故障。检测完显卡后，计算机将对 64 KB 以上内存、I/O 接口、软硬盘驱动器、键盘、即插即用设备、CMOS 设置等进行检测，并在屏幕上显示各种信息和出错报告。在正常情况下，POST 过程进行得非常快，几乎无法感觉到这个过程。

2. POST 自检测代码含义

当系统检测到相应的错误时，会以两种方式进行报告，即在屏幕上显示出错信息或以报警声响次数来指出检测到的故障。

错误种类如下。

错误 1：CMOS battery failed（CMOS 电池失效）。

原因：说明 CMOS 电池的电力已经不足，请更换新的电池。

错误 2：CMOS checksum error-Defaults loaded（CMOS 执行全部检查时发现错误，因此载入预设的系统设定值）。

原因：通常发生这种状况是因为电池电力不足，所以不妨先换个电池试试看。如果问题依然存在，那说明 CMOS RAM 可能有问题，最好送回原厂处理。

错误 3：Display switch is set incorrectly（显示开关配置错误）。

原因：较旧型的主板上有跳线，可设定显示器为单色或彩色，而这个错误提示表示主板上的设定和 BIOS 里的设定不一致，重新设定即可。

错误 4：Press ESC to skip memory test（内存检查，可按 ESC 键跳过）。

原因：如果在 BIOS 内并没有设定快速加电自检，那么开机就会执行内存检查，如果不想等待，可按 ESC 键跳过或到 BIOS 内开启 Quick Power On Self Test。

错误 5：Hard disk initializing【Please wait a moment ...】(硬盘正在初始化，请等待片刻)。

原因：这种问题在较新的硬盘上根本看不到。但在较旧的硬盘上，启动较慢，所以就会出现这个问题。

错误 6：Hard disk install failure (硬盘安装失败)。

原因：硬盘的电源线、数据线可能未接好或者硬盘跳线设置不当从而发生错误。

错误 7：Secondary slave hard fail (检测从盘失败)。

原因：一是 CMOS 设置不当 (如没有从盘但在 CMOS 里设有从盘)，二是硬盘的电源线、数据线可能未接好或者硬盘跳线设置不当。

错误 8：Hard disk(s)diagnosis fail (执行硬盘诊断时发生错误)。

原因：这通常代表硬盘本身有故障。把硬盘接到另一台计算机上试一下，如果问题一样，那只好送修了。

错误 9：Keyboard error or no keyboard present (键盘错误或者未接键盘)。

原因：键盘连接线未插好或损坏。

错误 10：Memory test fail (内存检测失败)。

原因：通常是因为内存不兼容或故障。

错误 11：Override enable-Defaults loaded (当前 CMOS 设定无法启动系统，载入 BIOS 预设值以启动系统)。

原因：可能是 BIOS 内的设定并不适合本地计算机 (如内存只能跑 100 MHz 但实际跑 133 MHz)，这时进入 BIOS 重新调整设定即可。

错误 12：Press TAB to show POST screen (按 TAB 键可以切换屏幕显示)。

原因：有一些 OEM 厂商会以自己设计的显示画面来取代 BIOS 预设的开机显示画面，而此提示就是告诉使用者可以按 TAB 键切换厂商的自定义画面和 BIOS 预设的开机画面。

错误 13：Resuming from disk，Press TAB to show POST screen (从硬盘恢复开机，按 TAB 键显示开机自检画面)。

原因：某些主板的 BIOS 提供了 Suspend to disk (挂起到硬盘) 的功能，当使用者以 Suspend to disk 的方式来关机时，那么在下次开机时就会显示此提示消息。

错误 14：BIOS ROM checksum error-System halted (BIOS 程序代码在进行总和检查时发现错误，因此无法开机)。

原因：遇到这种问题通常是因为 BIOS 程序代码更新不完全，解决办法是重新刷写 BIOS。

任务 10-2　操作系统常见故障分析

操作系统是控制计算机操作和运行硬件、软件资源，并提供公共服务来组织用户交互的相互关联的系统软件程序。它在计算机中扮演着关键的角色，有效地管理硬件设备和软件资源，使计算机能够高效地运行各种应用程序。

操作系统可以分为启动、运行和关机三个阶段。在计算机的使用过程中，这三个阶段总会出现各式各样的问题。例如，在启动阶段，可能会遇到引导错误或启动延迟的问题；在运行阶段，可能会出现应用程序崩溃、系统卡顿或蓝屏等问题；在关机阶段，可能会遇到无法正常关闭或系统自动重启的问题。

为了避免这些问题，用户可以定期更新操作系统及相关驱动程序，确保系统的安全和稳定。同时，定期进行病毒扫描和清理系统垃圾，有助于优化系统性能。如果在使用过程中遇到问题，可以参考系统提示搜索相关解决方案，或者寻求专业技术支持。定期维护和合理使用操作系统，可以提高计算机的效率和可靠性，使用户的使用体验更加流畅。

操作系统的故障归结起来有以下 3 方面的问题。

（1）内存原因。由于内存原因引发故障的现象比较常见，一般是芯片质量不佳或内存发生损坏造成的，但有时通过调换接口或清洁内存金手指可以解决该问题，倘若不行则只能更换内存条。

（2）主板原因。由于主板原因引发故障的概率较内存原因稍低，一般由于主板原因出现故障后，计算机在蓝屏后不会死机。若故障出现频繁，对此唯有更换主板一途。

（3）CPU 原因。由于 CPU 原因出现此类故障的现象比较少见，一般见于超频的 CPU 上，对此可以降低 CPU 频率，看能否解决，如若不行，则只能更换 CPU 了。

任务 10-3　计算机病毒引起的故障

计算机病毒指编制者在计算机程序中插入的破坏计算机功能或者破坏数据，影响计算机正常使用并且能够自我复制的一组计算机指令或程序代码。

1. 计算机病毒的传播途径

计算机病毒的传播主要是通过拷贝文件、传送文件、运行程序等方式进行。而主要的传播途径有以下两种。

1）硬盘

硬盘存储数据多，在互相借用或维修时，将病毒传播到其他的硬盘或软盘上。

2）网络

在计算机日益普及的今天，人们通过计算机网络互相传递文件、信件，这样一来，病毒的传播速度又加快了。因为资源共享，人们经常在网上下载免费、共享的软件，病毒难免会夹杂其中。

2. 计算机病毒的特征

1）传染性

计算机病毒的传染性是指病毒具有把自身复制到其他程序中的特性。计算机病毒是一段人为编制的计算机程序代码，这段程序代码一旦进入计算机并得以执行，它会搜寻其他符合其传染条件的程序或存储介质，确定目标后再将自身代码插入其中，达到自我繁殖的目的。只要一台计算机染毒，如不及时处理，那么病毒会在这台机子上迅速扩散，其中的大量文件（一般是可执行文件）会被感染。

正常的计算机程序一般是不会将自身的代码强行连接到其他程序之上的。而病毒却能使自身的代码强行传染到一切符合其传染条件的未受传染的程序之上。

2）非授权性

正常的程序是由用户调用，再由系统分配资源，完成用户交给的任务。其目的对用户是可见的、透明的。而病毒具有正常程序的一切特性，它隐藏在正常程序中，当用户调用正常程序时窃取到系统的控制权，先于正常程序执行。病毒的动作、目的对用户来说是未知的，是未经用户允许的。

3）隐蔽性

病毒一般是具有很高编程技巧、短小精悍的程序，通常附在正常程序中或磁盘较隐蔽的地方，也有个别的病毒以隐含文件形式出现，目的是不让用户发现它的存在。如果不经过代码分析，病毒程序与正常程序是不容易区别开来的。一般在没有防护措施的情况下，计算机病毒程序取得系统控制权后，可以在很短的时间里传染大量程序。而且受到传染后，计算机系统通常仍能正常运行，使用户不会感到任何异常。试想，如果病毒在传染到计算机之后，机器马上无法正常运行，那么它本身便无法继续传染了。正是由于隐蔽性，计算机病毒得以在用户没有察觉的情况下扩散到上百万台计算机中。

4）潜伏性

大部分的病毒感染系统之后不会马上发作，它可长期隐藏在系统中，只有在满足其特定条件时才启动其表现（破坏）模块，只有这样它才可进行广泛的传播。例如，"PETER-2"在每年 2 月 27 日会提出三个问题，答错后会将硬盘加密；著名的"黑色星期五"在逢 13 号的星期五发作；国内的"上海一号"会在每年 3、6、9 月的 13 日发作；CIH 在每月 26 日发作。这些病毒在平时会隐藏得很好，只有在发作日才会露出本来面目。

5）破坏性

任何病毒只要侵入系统，都会对系统及应用程序产生不同程度的影响。轻者会降低计算机工作效率，占用系统资源，重者可导致系统崩溃。由此特性可将病毒分为良性病毒与恶性病毒。良性病毒可能只显示一些画面或出现音乐、无聊的语句，或者根本没有任何破坏动作，但会占用系统资源。这类病毒较多，如 GENP、小球、W-BOOT 等。恶性病毒则有明确的目的，破坏数据、删除文件、加密磁盘、格式化磁盘等，有的对数据造成永久性破坏，这也反映出病毒编制者的险恶用心。

6）不可预见性

从对病毒的检测方面来看，病毒还有不可预见性。不同种类的病毒，它们的代码千差万别，但有些操作是共有的（如驻内存、改中断）。有些人利用病毒的这种共性，制作了声称可查所有病毒的程序。这种程序的确可查出一些新病毒，但由于目前的软件种类极其丰富，且某些正常程序也使用了类似病毒的操作甚至借鉴了某些病毒的技术，使用这种方法对病毒进行检测势必会造成较多的误报情况。而且病毒的制作技术也在不断地提高，病毒对反病毒软件来说是超前的。

3.计算机感染病毒的表现

当计算机遭受病毒感染时，通常会出现以下几种情况。

（1）计算机运行速度比平常缓慢，甚至出现明显迟钝的现象。

（2）程序的载入时间比平常更长，因为某些病毒能够控制程序或系统的启动，导致启动程序时执行它们的动作，从而延长程序的载入时间。

（3）在进行简单的工作时，磁盘读写似乎需要比预计更长的时间。例如，储存一页的文字通常只需要一秒钟，但病毒可能会花费更长时间来寻找未感染的文件。

（4）出现不寻常的错误信息。例如，可能会收到类似"write protect error on driver A"的信息，这意味着病毒试图访问软盘并感染之，特别是当这类信息频繁出现时，表示系统可能已经中毒。

（5）硬盘的指示灯无缘无故地亮起。当没有存取磁盘时，磁盘指示灯却亮起，这表明计算机可能已经感染了病毒。

（6）系统内存容量突然大量减少。有些病毒会消耗可观的内存容量，导致再次执行程序时突然告诉用户没有足够的内存空间可以利用，这意味着病毒已经存在于计算机中。

（7）磁盘可用空间突然减少。这个信息可能预示着病毒已经开始复制自己。

（8）可执行程序的大小发生改变。通常情况下，这些程序的大小应该是固定的，但有些病毒会增加程序的大小以逃避检测。

（9）"坏轨增加"现象。某些病毒会将一些磁区标记为"坏轨"，并将自己隐藏其中，这使得杀毒软件无法检查出病毒的存在。例如，Disk Killer病毒就会寻找3或5个连续未使用的磁区，并将其标记为"坏轨"。

（10）程序同时访问多部磁盘。

（11）内存中增加来源不明的常驻程序。

（12）文件莫名其妙地消失。

（13）文件的内容被加上一些奇怪的资料。

（14）文件名称、扩展名、日期或属性发生变化。

当出现以上情况时，用户需要警惕可能的病毒感染，并及时采取防护措施。例如，安装可信赖的杀毒软件，定期进行病毒扫描，以保障计算机的安全运行。

4. 计算机病毒的预防和查杀

1）预防措施

（1）重要资料必须备份。资料是最重要的，程序损坏了可重新复制，甚至再买一份，但是重要的数据资料，一定要勤备份。

（2）尽量避免在无防毒软件的机器上使用计算机可移动磁盘。一般人都以为不要使用别人的磁盘即可防毒，但是不要随便用别人的计算机也是非常重要的，否则有可能带一大堆病毒回家。

（3）使用新下载的软件时，先用扫毒程序检查可减少中毒机会。主动检查可以过滤大部分的病毒。

（4）准备一份具有查毒、防毒、解毒等重要功能的软件，将有助杜绝病毒。

（5）遇到计算机有不明音乐传出或死机时硬盘的灯持续亮着的情况，应即刻关机。发现计算机硬盘指示灯持续闪烁，可能是病毒正在格式化硬盘。

（6）若硬盘资料已遭到破坏，不必急着格式化，因病毒不可能在短时间内将全部硬盘资料破坏，故可利用灾后重建的解毒程序加以分析，重建受损状态。

2）查杀措施

（1）如果发现病毒，停止使用计算机，用干净的启动光盘或U盘启动计算机，将所有资料备份。

（2）用正版杀毒软件进行杀毒，最好能将杀毒软件升级到最新版。

（3）如果一个杀毒软件不能杀除病毒，可到网上找一些专业性的杀毒网站下载最新版的其他杀毒软件进行查杀。

（4）如果多个杀毒软件均不能杀除病毒，可将此病毒的发作情况发布到网上，或到专门的BBS论坛留下帖子。

（5）可将此染毒文件上报杀毒网站，让专业性的网站或杀毒软件公司帮忙解决。

常见软件故障及解决方法

故障可能引发软件失效，有一些故障以计算机系统蓝屏的形式出现，有一些故障则以软件无法正常使用的形式出现。

1. 蓝屏形式的故障

故障 1： 计算机运行时突然出现蓝屏，代码 MACHINE CHECK EXCEPTION，如图 10-1 所示。

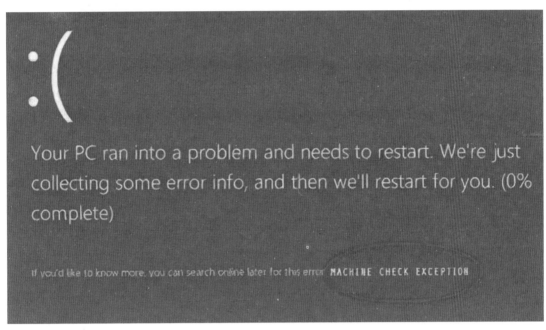

图 10-1 蓝屏故障

原因分析：

CPU 过于超频。

解决方法：

启动自动修复程序，修复系统错误后，将 CPU 降回出厂频率。不要再超频运行，最好不要用容量太大的软件或者是那些测试 CPU 超频之类的软件。

故障 2： 计算机运行时突然出现蓝屏，代码 0x0000007E，如图 10-2 所示。

扫一扫

Windows 蓝屏原因分析

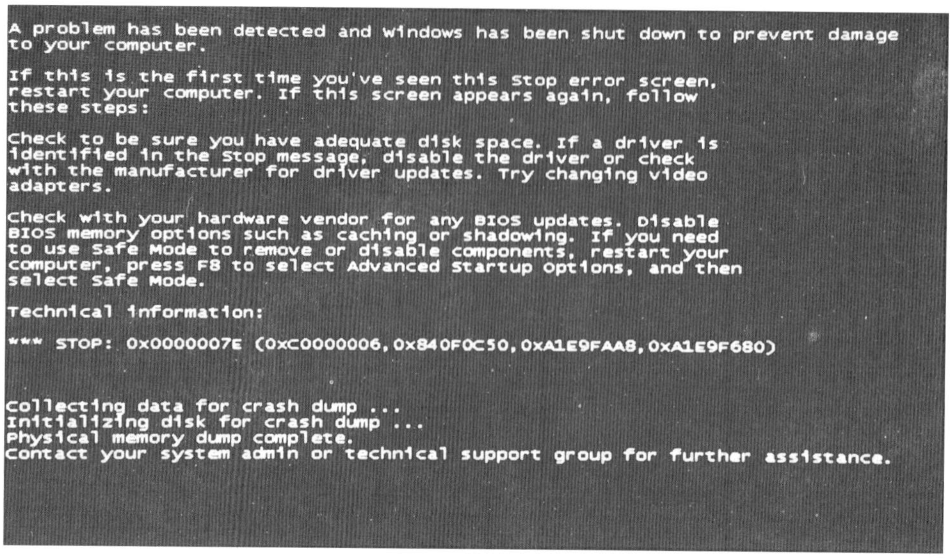

图 10-2　错误代码 0x0000007E

原因分析：

一般多是因为病毒造成的内存损坏或内存接触不良。

解决方法：

如果是病毒造成的，开机按 F8 键进入安全模式后给系统杀毒。如果是内存接触不良造成的，则可以尝试重新插拔内存。一般情况下内存损坏的概率不大。

故障 3： 计算机运行时突然出现蓝屏，代码 0x00000074，如图 10-3 所示。

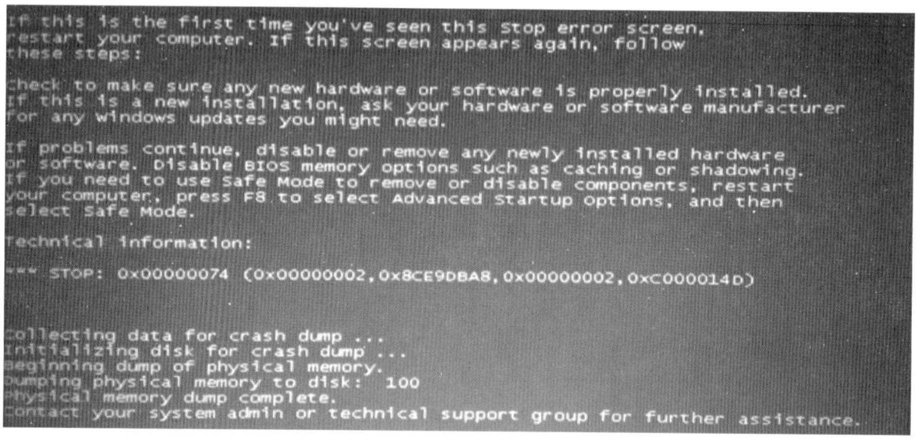

图 10-3　错误代码 0x00000074

原因分析：

该错误代码表明注册表有错误。如果系统模块被破坏可能会发生这种错误。如果一些注册表的关键的键值缺失，这种错误也可能会发生。这可能是手工编辑注册表的结果。

解决方法：

（1）系统关机，在开机时按 F8 键，进入高级启动界面，执行"疑难解答"→"高级选项"→"查看更多恢复选项"→"启动设置"→"重启"命令，然后页面会跳转到"启动设置"界面，按 F1 键"启用调试"，系统进入调试模式，然后可以进行调试。

（2）如果无效，请提前备份好数据，然后在开机时长按或按 F10 键，使用系统恢复出厂设置功能将计算机还原到出厂状态。

2. 因文件缺失无法正常启动的故障

故障 1：计算机启动失败，提示缺少驱动文件。

原因分析：

计算机缺少核心驱动文件时，在开机启动后会报出相应的错误，如图 10-4 和图 10-5 所示。

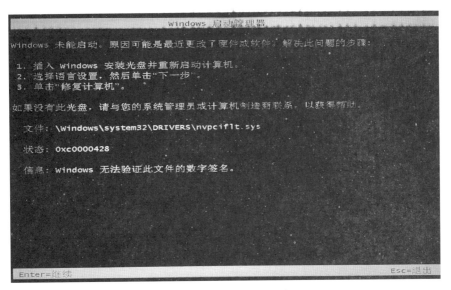

图 10-4　驱动文件丢失

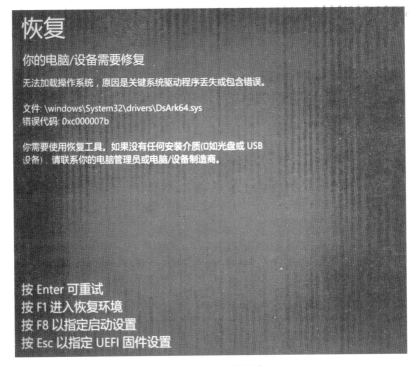

图 10-5　文件丢失

解决方法：

（1）要修复上面的问题，首先准备一个启动U盘，用于进入PE系统，如图10–6所示。

我的电脑
DG硬盘分区
优启通
鱼悦体验
开始

图10–6　启动PE系统

（2）进入系统驱动目录C:\Windows\System32\drivers（见图10–7），可以查看文件nvpciflt.sys是否被删除。

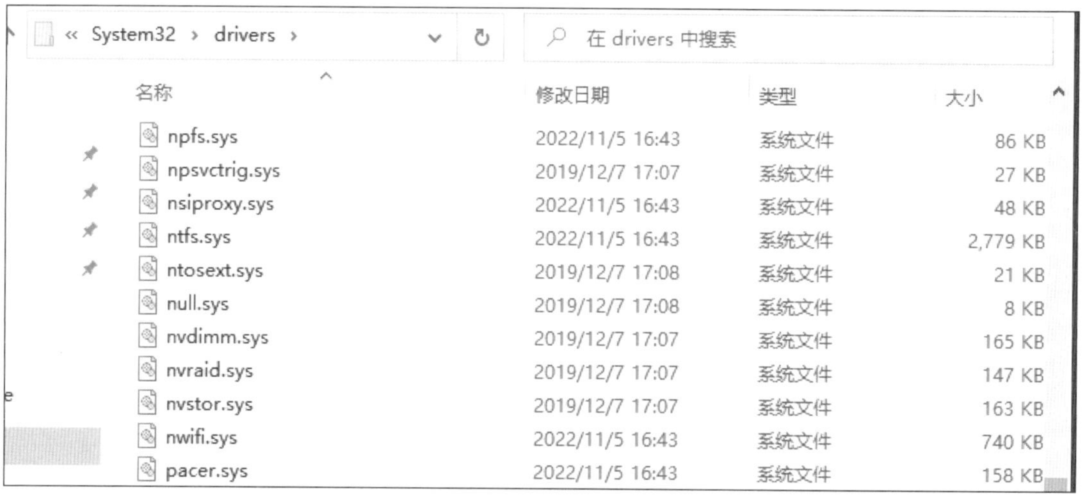

« System32 › drivers ›
在 drivers 中搜索
名称
修改日期
类型
大小
npfs.sys 2022/11/5 16:43 系统文件 86 KB
npsvctrig.sys 2019/12/7 17:07 系统文件 27 KB
nsiproxy.sys 2022/11/5 16:43 系统文件 48 KB
ntfs.sys 2022/11/5 16:43 系统文件 2,779 KB
ntosext.sys 2019/12/7 17:08 系统文件 21 KB
null.sys 2019/12/7 17:08 系统文件 8 KB
nvdimm.sys 2019/12/7 17:07 系统文件 165 KB
nvraid.sys 2019/12/7 17:07 系统文件 147 KB
nvstor.sys 2019/12/7 17:07 系统文件 163 KB
nwifi.sys 2022/11/5 16:43 系统文件 740 KB
pacer.sys 2022/11/5 16:43 系统文件 158 KB

图10–7　系统驱动目录

（3）从另一台正常启动的计算机的对应目录里找到缺失的系统文件，复制到启动U盘中。再将U盘上的文件复制到待修复的计算机的相应目录里。

（4）重启计算机，可以发现先前的驱动报错信息消失。如果计算机还是报缺失其他类型的驱动文件，可将“C:\Windows\System32\drivers”目录下的所有驱动文件全部复制（见图10–8），完成后重启计算机就不会再报类似错误。

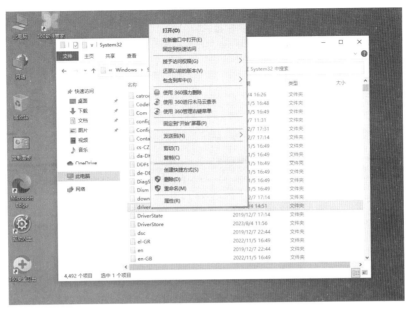

图 10-8   文件夹整体复制

故障 2: 计算机开机进不了系统,在启动页面停止不动。

原因分析:

在启动页面停止不动,多数原因为系统无法找到系统相关文件。

解决方法:

方法一: 当计算机系统无法进入时,此时可以重新开机。当计算机启动后,快速按下 F8 键,此时当屏幕出现一个黑色的菜单界面(见图 10-9)的时候,用键盘的上下键选择"最近一次的正确配置",然后按下 Enter 键。

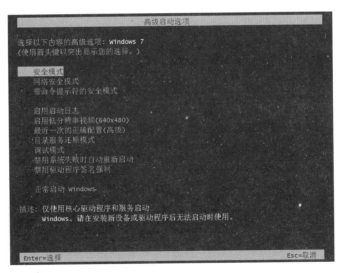

图 10-9   高级启动选项

方法二: 如果执行方法一无法解决问题,此时可以继续方法一的操作,然后在黑色的菜单界面选择"安全模式",再按 Enter 键确认,看计算机能否进入安全模式启动系统。如果可以进入安全模式,那么说明计算机驱动程序有问题或者计算机上一次安装的某个软件或程序与计算机发生冲突了,此时可以执行"控制面板"→"程序和功能"命令将软件卸载,如图 10-10 所示。

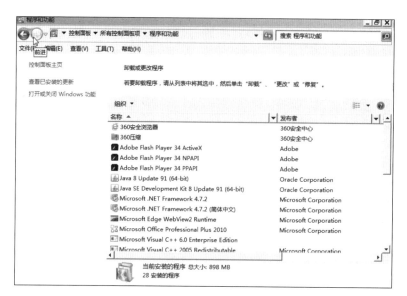

图 10-10　卸载程序

故障 3： 出现"若要运行此应用程序，您必须首先安装 .NET Framework 的以下版本之一"弹窗，如图 10-11 所示。

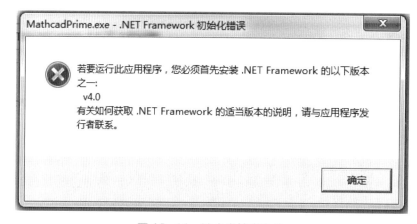

图 10-11　缺少支持类文件

原因分析：

系统缺少 .NET Framework 框架。

解决办法：

下载并安装对应版本的 .NET Framework 框架。

注意：如系统版本是 Windows 10，但所需 .NET 版本较老，可使用下面的方法进行安装。以 .NET 3.5 为例，将其部署到 Windows 10 系统里。

具体步骤如下。

（1）找到 Win 10 光盘的 iso 文件，把 x:\sources\sxs 文件夹复制到 C 盘根目录下。

（2）右击桌面左下角 Windows 图标，选择" Windows PowerShell（管理员）（A）"，如图 10-12 所示。

图 10-12　Win 10 "开始" 菜单

（3）运行命令：dism /online /Enable-Feature /FeatureName:NetFx3 /Source: "c:\sxs" /LimitAccess。运行结果如图 10-13 和图 10-14 所示。

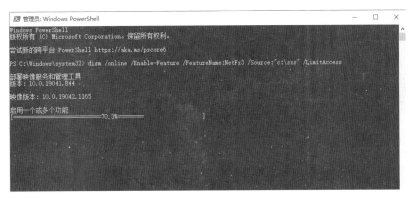

图 10-13　部署 NetFx3

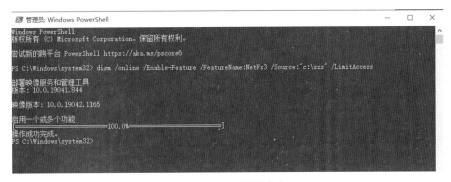

图 10-14　部署成功

拓展训练

训练要求

准备相应工具，自行制作能够启动系统的 U 盘。

训练思路

本实验的操作主要包括下载软件包、安装软件和制作 U 盘三个部分。

训练提示

制作前的准备工作：

（1）U 盘一个（建议容量大于 16 GB）且盘中不能有任何内容；

（2）U 盘启动盘制作工具（相应首页可下载，本书中使用"优启通"）。

制作 U 盘启动盘的步骤：

（1）双击打开下载好的软件安装程序，将软件默认安装到计算机 C 盘；

（2）把事先准备好的 U 盘插入计算机主机后置 USB 插口；

（3）软件自动识别 U 盘的详细信息，单击"全新制作"按钮，如图 10-15 所示；

（4）单击"全新制作"按钮后会弹出一个确认窗口，如图 10-16 所示。此时单击"确定"按钮即可；

图 10-15 "优启通" U 盘制作工具

图 10-16 删除原有数据

（5）单击"确定"按钮后将会进入自动制作启动 U 盘的过程，此过程可能需要花费 3~5 分钟，如图 10-17 所示；

（6）完成后将会弹出一个窗口，提示已经制作成功（见图 10-18），然后模拟测试一下结果，模拟启动的界面如图 10-19 所示。

图 10-17　启动 U 盘制作过程

图 10-18　制作完成

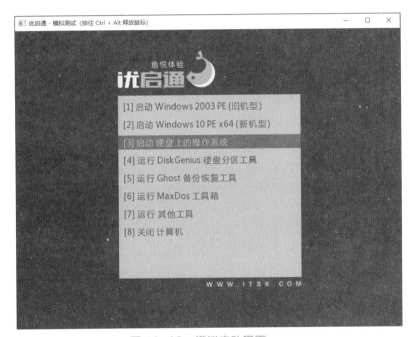

图 10-19　模拟启动界面

项目 11

优化性能及保护计算机系统数据

项目导入 ▶

计算机硬件设备种类繁多，不同型号的产品在市场上充斥着各式各样的性能参数。了解这些信息对于正确选择和优化计算机至关重要。本章将介绍几款常用的软件，这些工具能够帮助用户更好地认识计算机中各种硬件及其对应的性能参数。

首先，可以使用 CPU-Z 来获取 CPU 的关键信息，如型号、频率和核心数。GPU-Z 则能获取显卡的具体信息，包括型号、显存大小和时钟频率。

若想了解整个计算机系统的细节，Speccy 是一个不错的选择，它可以提供 CPU、GPU、内存、主板等各个方面的详细信息。

此外，可以借助 CrystalDiskInfo 查看硬盘（HDD 或 SSD）的状态，以确保存储设备的良好运行。为了确保计算机内存的稳定性，可以使用 MemTest 86 进行测试，这有助于全面了解内存性能。对于测试 CPU 的稳定性和性能，Prime 95 是一个高效的工具。

通过运用这些软件，用户能够快速准确地了解计算机硬件设备的主要型号和性能参数，从而为计算机升级和优化提供有力支持。同时，随着技术的不断发展，用户也应密切关注新的软件工具，以获取最新的硬件信息和优化方法。

学习目标 ▶

知识目标

（1）掌握 CPU-Z 软件的使用方法。

（2）掌握鲁大师软件的使用方法。

（3）掌握系统备份和还原（恢复）的方法。

能力目标

（1）能使用软件进行计算机功能测试。

（2）能对系统进行备份及还原操作。

素养目标

（1）积极主动地学习新的知识和技术，不断提升自身的综合能力。

（2）善于分析问题，深入思考，寻找最优解决方案。

（3）掌握并应用计算机组装与维护的专业知识。

任务 11-1　使用 CPU-Z 检测计算机硬件

CPU-Z 是一款家喻户晓的 CPU 检测软件，使用这个软件可以查看 CPU 的信息，如 CPU 名称、厂商、内核进程、内部和外部时钟、局部时钟监测等参数。另外，它还能检测主板、内存、显卡等设备的相关信息。

从 CPU-Z 1.51 版本开始，CPU-Z 包含一个安装程序。与独立版本相比，该安装程序提供了几个优势：会在"开始"菜单和桌面上创建程序条目；会根据系统安装正确的二进制文件（x32 或 x64）；运行安装可执行文件。

使用 CUP-Z 主要可以进行以下几方面检测。

1. 处理器检测

在"处理器"选项下可以看到处理器的名字、规格、频率、二级缓存等基本信息，如图 11-1 所示。

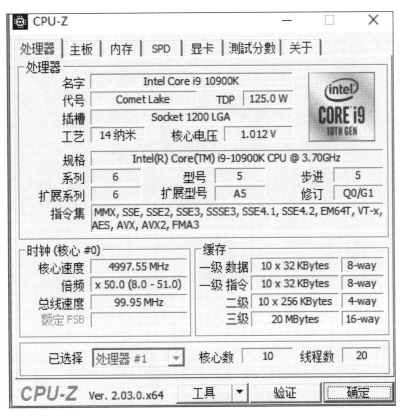

图 11-1　处理器检测界面

2. 主板检测

在"主板"选项下可以查看主板型号、制造商、芯片组和南桥信息以及该主板 BIOS 的公司名称和版本，如图 11-2 所示。

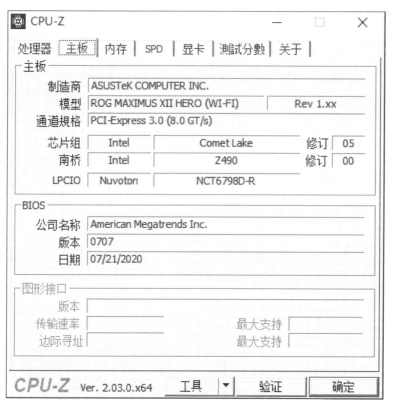

图 11-2　主板检测界面

3. 内存检测

在"内存"和"SPD"两个选项下可以查看内存大小、类型以及内存的基本信息，并且可以查看各个插槽上分别插的是什么内存，如图 11-3 和图 11-4 所示。

图 11-3　内存检测界面

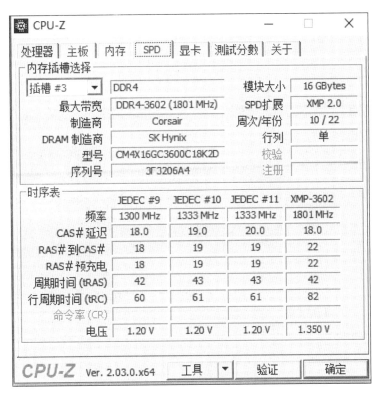

图 11-4　内存插槽界面

4. 显卡检测

在"显卡"选项下可以查看显卡的型号、显存等信息，如图 11-5 所示。

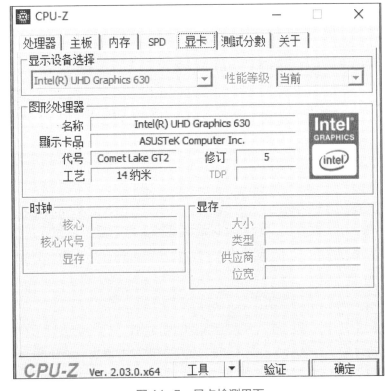

图 11-5　显卡检测界面

5. 测试评分

在"测试分数"选项下可得到处理分数和稳定度，如图 11-6 所示。

图 11-6　测试分数界面

最后，在"关于"选项下可以将测试到的信息保存为 TXT 或者 HTML 文档。

任务 11-2　使用鲁大师检测计算机硬件

鲁大师是一款个人计算机系统工具，支持 Windows 2000 以上的所有 Windows 系统版本。它是首款检查并尝试修复硬件的软件，能轻松辨别计算机硬件真伪，测试计算机配置，测试计算机温度并保证计算机稳定运行，清查计算机病毒隐患，优化清理系统，提升计算机运行速度。它适合各种品牌的台式机、笔记本计算机、DIY 兼容机。它有实时的关键性部件的监控预警和全面的计算机硬件信息，有效预防硬件故障，快速升级补丁，安全修复漏洞，远离黑屏困扰，更有硬件温度监测等功能帮助计算机处理小型故障。

1. 硬件体检

到鲁大师官网下载鲁大师计算机版。安装鲁大师计算机版。启动鲁大师后，主界面左侧显示鲁大师的主要功能按钮，界面左下角显示实时的 CPU、显卡和硬盘的温度，右下角有"磁盘检测""屏幕检测"等小工具，如图 11-7 所示。通过硬件体检，用户可以全面掌握计算机的硬件状况。

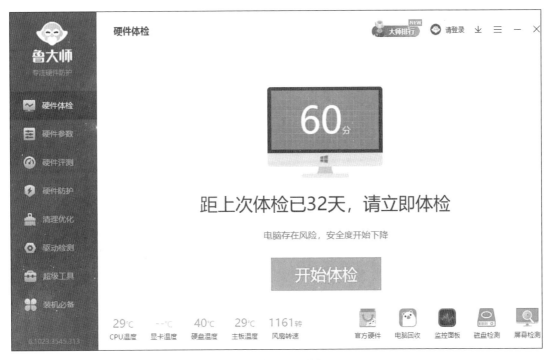

图 11-7　"硬件体检"界面

2. 硬件参数

在"硬件参数"界面，鲁大师可以显示计算机的硬件配置的简洁报告，报告包含计算机（品牌机）生产厂商操作系统处理器型号、主板型号、内存品牌及容量、主硬盘品牌及型号、显卡品牌及显存容量、显示器品牌及尺寸等等，如图 11-8 所示。检测到计算机的硬件信息后，也有专门的界面详细地介绍硬件配置的各种属性，如图 11-9 所示。

图 11-8　"硬件参数"界面

英特尔 Core i9-10900K @ 3.70GHz 复制

名称	英特尔 Core i9-10900K @ 3.70GHz	插槽	FCLGA1200
核心数	核心数: 10 / 线程数: 20	核心代号	Comet Lake
基准频率	3.70 GHz	光刻制程	14 nm
最大加速频率	5.30 GHz	发布日期	2020年二季度

高级信息

总线速度	100 MHz	热设计功耗	125 W
一级代码缓存	10 x 32 KB, 8-Way, 64 byte lines	一级数据缓存	10 x 32 KB, 8-Way, 64 byte lines
二级缓存	10 x 256 KB, 4-Way, 64 byte lines	三级缓存	20 MB, 16-Way, 64 byte lines
指令集	MMX, SSE, SSE2, SSE3, SSSE3, SSE4.. 更多>	内存类型	DDR4-2933
内存通道数	2		

实时信息

CPU频率	4183 MHz	CPU使用率	1%
CPU温度	40℃	CPU核心	40℃

图 11-9　CPU 详细参数

3. 硬件评测

在"硬件评测"界面，上方分别有"核心硬件评测""AI 评测""光追评测"和"硬件排行榜"4项，如图 11-10 所示。"核心硬件评测"可以全面评估计算机的性能水平；"AI 评测"能够评估计算机在支持人工智能应用上的性能；"光追评测"评估显卡在支持光线追踪的游戏和应用中的运行流畅度；"硬件排行榜"能够显示各个型号的 CPU 及显卡的得分及排名情况，同时给出当前硬件的排名。

图 11-10　"硬件评测"界面

在"硬件评测"界面单击"开始评测"按钮，鲁大师开始对整个系统逐项测试，这个过程需要

8～10分钟，为了测试准确，在此期间不要对计算机进行任何操作。

硬件评测完成后，鲁大师会分别给出综合性能、处理器、显卡、内存和硬盘的分数，在总评成绩处，还会给出该计算机可胜任的各项工作，如游戏、Photoshop 制图等，如图 11-11 所示。

图 11-11　硬件评测结果

4. 硬件防护

硬件防护是鲁大师对计算机的温度防护管理。在温度管理上，鲁大师显示计算机各类硬件温度的变化曲线图表。温度防护管理包含检测 CPU 温度、硬盘温度、主板温度、风扇转速等内容。

单击右侧快捷操作中的"节能降温设置"可以快速对计算机的运行性能进行方向性调整，如图 11-12 所示。

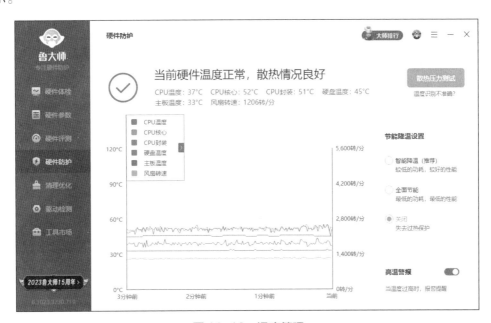

图 11-12　温度管理

5.清理优化

"清理优化"拥有全智能的一键优化和一键恢复功能，其中包括系统响应速度优化、用户界面速度优化、文件系统优化、网络优化等优化功能，如图11-13所示。

图11-13 "清理优化"界面

注意： 过度优化也会造成系统异常，所以优化部分需仔细设置。

6.驱动检测

驱动检测包括以下3项内容。

1）驱动安装

当鲁大师检测到计算机硬件有新的驱动时，"驱动安装"下会显示硬件名称、设备类型、驱动大小、已安装的驱动版本、可升级的驱动版本，如图11-14所示。可以使用鲁大师默认的"升级"以及"一键修复"功能，也可以手动设置驱动的下载目录。

图11-14 "驱动安装"界面

2）驱动管理

驱动管理主要有驱动备份、驱动还原、驱动卸载 3 个功能。

（1）驱动备份。"驱动备份"可以备份所选的驱动程序，并且可以通过"设置驱动备份目录"手动设置驱动备份的地址。

（2）驱动还原。当计算机的驱动出现问题，或者想将驱动恢复至上一个版本的时候，"驱动还原"就派上用场了，当然前提是先前已经备份了该驱动程序。

（3）驱动卸载。当计算机的驱动程序出现了安装错误，需要删除的时候，就可使用"驱动卸载"功能。

3）驱动搜索

当非连接在本机的设备需要下载驱动程序时，就可以使用此功能以型号为条件进行搜索并下载相应驱动程序。

市面上还有其他测试软件，与鲁大师相似，请读者自行下载、安装、测试，这里不再赘述。

`拓展延伸`

国产网络安全专家——360安全卫士

360 公司创立于 2005 年，是互联网免费安全的倡导者，先后推出 360 安全卫士、360 手机卫士、360 安全浏览器等安全产品。随着全社会、全行业数字化程度的深化，"大安全"时代加速到来，360 以"让世界更安全更美好"为使命，致力于实现"不断创造黑科技，做全方位守护者"的愿景。

多年来，360 公司深耕安全行业，拥有很多安全人才，培养和集聚的"白帽子军团"具备出色的漏洞挖掘与攻防对抗能力。同时公司积累了丰富的安全大数据，以及许多原创技术和核心技术专利。2014 年以来，360 持续输出高级威胁情报，累计发现多个针对中国的境外 APT（advanced persistent threat，高级持续性威胁）组织，侦测到多次使用在野 0day 漏洞的 APT 攻击。

2018 年，360 公司在确保原有互联网安全服务及各项主营业务有序开展的同时，持续通过技术创新，推出分布式智能安全系统——"360 安全大脑"，并以此构建了大安全时代的整体防御战略体系。

2019 年 9 月，360 发布政企安全战略 3.0，构建大安全生态，与国内网络安全行业共同成长，共同努力提升网络综合防御能力。

2020 年 8 月，在国家全面推进数字化、建设数字中国和网络强国的背景下，360 凭借自身在网络安全领域多年来的实践和积累，以风险为导向，以"360 安全大脑"和安全基础设施为底层建筑，以安全运营战法、实战检验机制、安全互通标准和安全专家团队为运营要素，构建了一套应对网络新威胁的新时代网络安全能力框架体系。

`任务 11-3` **使用硬盘检测工具检测硬盘**

1. CrystalDiskInfo 硬盘检测工具

CrystalDiskInfo 硬盘检测工具是一款超级实用、小巧方便的硬盘状态监测软件。它显示基本的 HDD 信息，监控 SMART 值和磁盘温度。除了运行 CrystalDiskInfo 之外，用户无需执行任何操作即可获得健康状态报告（见图 11-15），包括温度水平、读取错误率、起转时间和许多其他可能有用的信息。

图 11-15　CrystalDiskInfo 硬盘检测工具的健康状态报告

2. AS SSD Benchmark

AS SSD Benchmark 是一款来自德国的 SSD 专用测试软件，测试包括 4 个方面：顺序读写、4K 随机读写、64 线程 4K 读写、寻道时间，如图 11-16 所示。除了可以测试 SSD 的性能外，该软件还可以检测 SSD 的固件算法、是否打开 AHCI 模式、是否进行 4K 对齐等。

图 11-16　AS SSD Benchmark

注意，缓外速度指的是硬盘读写文件的大小超出了硬盘本身缓存的大小，硬盘不能借助缓存来提高读写速度，只能直接读写普通存储颗粒，直接读写的速度往往远小于读写缓存的速度。固态硬盘在写入文件时，会首先写入固态硬盘里速度最快的缓存部分，然后才会写入固态硬盘的颗粒当中。因为缓存的容量是有限的，在缓存容量使用完之后，继续呈现的便是缓外速度，也就是闪存颗粒最直接、最真实的速度。一般来说，固态硬盘的读写可用缓存容量会达到 40 GB 左右，按照主控芯片优劣、厂商调校技术高低，硬盘容量的大小会有所变化，这个大小下至几 GB，上至几百 GB。缓存部分采用的颗粒既不是 MLC 也不是 TLC，而是价格非常昂贵的 SLC。别看这几十个 G 容量好像很大，但在高速固态硬盘上，最快几秒就会开始掉速，这个缓存容量对于常用的应用程序来说已经绰绰有余了，但是对于经常需要拷贝大文件素材的影音工作者来说，显然是不够用的。

任务 11-4　使用 Ghost 备份和恢复系统

在微软视窗操作系统广为流行的背景下，为了避免重新安装系统带来的费时和驱动应用程序重装的麻烦，Ghost 提供了备份和还原整个系统的功能。用户可以在系统状态稳定的情况下，将系统备份成一个映像文件，然后在需要时进行恢复，节省了用户许多时间和精力。为了进一步简化操作，Ghost 推出了"一键 Ghost""一键还原精灵"等工具，易于操作，受到了许多不太熟悉计算机操作的用户的喜爱。

1. Norton Ghost 简介

Norton Ghost 是美国 Symantec 公司旗下的一款出色的硬盘备份还原工具。它支持多种硬盘分区格式，包括 FAT16、FAT32、NTFS 和 OS2 等，使用户能够轻松备份和还原数据。

在 Ghost 的功能中，数据备份和备份恢复使用频率特别高，因此人们常常将其与克隆挂钩，而忽略了它其他的一些功能。然而，除了备份和还原外，Ghost 还具有其他有用的功能。

随着技术的发展，Ghost 不断更新，适应了最新的操作系统，如 Windows 7、Windows 10，并与系统引导文件、硬盘分区工具等集成在一起，提供更加全面的支持。用户在需要重装系统时，可以方便地完成系统的快速重装。因此，Ghost 在狭义上被特指为能快速恢复的系统备份文件。

总的来说，Norton Ghost 是一个功能强大、易于使用的硬盘备份还原工具，它为用户提供了可靠的数据保护和系统恢复解决方案。无论是日常数据备份还是系统重装，Ghost 都能满足用户的需求，成为备受欢迎的工具之一。

Ghost 软件具有以下 3 个特点。

（1）既然称之为克隆软件，说明 Ghost 的备份还原是以硬盘的扇区为单位进行的，也就是说可以将一个硬盘上的物理信息完整复制，而不仅仅是数据的简单复制。Ghost 支持将分区或硬盘直接备份到一个扩展名为 .gho 的文件里，也支持直接备份到另一个分区或硬盘里。

（2）新版本的 Ghost 包括 DOS 版本和 Windows 版本，DOS 版本只能在 DOS 环境中运行，Windows 版本只能在 Windows 环境中运行。

（3）由于 Ghost 在备份还原时按扇区来进行复制，所以在操作时一定要小心，不要把目标盘（分区）弄错了，否则将目标盘（分区）的数据全部抹掉，根本没有恢复的机会。

2. Ghost 操作使用

1）启动 Ghost

无论备份操作还是还原操作，都不可以在原系统上操作，必须先进入 PE，再打开 Ghost 完成操作。

（1）启动 Ghost（见图 11-17），单击"OK"打开 Ghost 主界面。

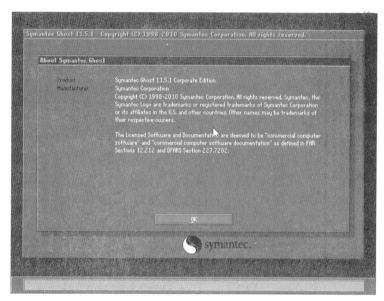

图 11-17　Ghost 启动界面

（2）显示菜单列表（见图 11-18），主菜单共有 6 项，从上至下分别为 Local（本地）、Peer to Peer（点对点，主要用于网络中）、GhostCast（以广播方式对网络上的硬盘进行操作）、Options（选项）、Help（帮助）、Quit（退出）。

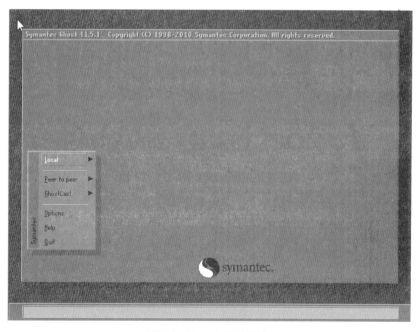

图 11-18　主菜单列表

2）备份操作

（1）在主菜单上选择备份命令。执行"Local"→"Disk"→"Partition"→"To Image"命令，如图 11-19 所示。

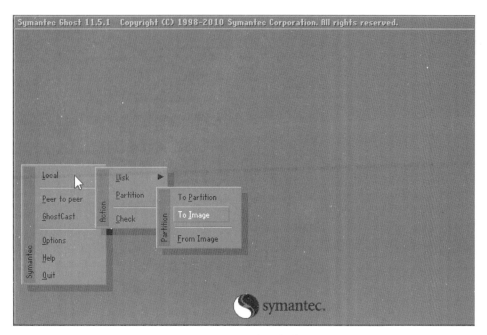

图 11-19　备份操作

一般情况下只用到 Local 菜单项，其下有三个子项。

"Disk"（硬盘备份与还原）指的是对整块硬盘进行备份还原操作，要求硬盘大小一致，分区一模一样，品牌等各项参数不可有区别。

"Partition"（磁盘分区备份与还原）指的是对硬盘下的某个分区进行备份还原操作。

"Check"（硬盘检测）指的是对硬盘进行功能检测，查看硬盘是否有问题。

（2）选择备份源分区。硬盘选择界面如图 11-20 所示。选择源分区所在硬盘，使用鼠标或 Tab 键选择"OK"。

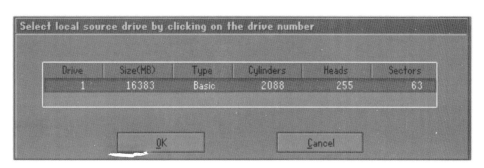

图 11-20　选择硬盘

在图 11-21 的对话框中，选择要制作镜像文件的分区，先选择分区 1，按下 Enter 键，再选择"OK"。

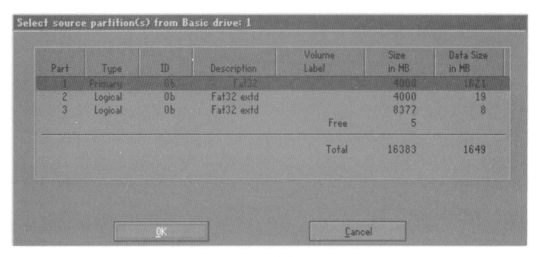

图 11-21　选择备份分区

（3）为镜像文件命名并设置保存位置。选择镜像文件保存的位置（注意不能选择要备份的系统盘分区），这里选择 E 盘，如图 11-22 所示。在图 11-23 的 File_name 文本框中输入镜像文件名称，要用时间和系统版本名称命名。单击"Save"保存。

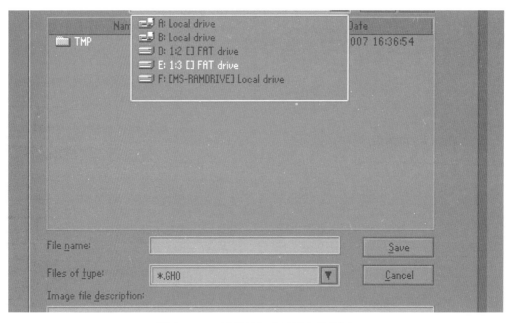

图 11-22　选择镜像文件保存的位置

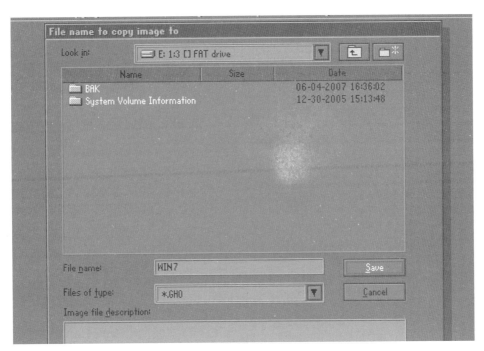

图 11-23　命名并保存镜像文件

（4）选择镜像文件的压缩质量。如图 11-24 所示，程序询问是否压缩备份数据，并给出 3 个选择："No"表示不压缩，"Fast"表示压缩比例小且执行备份速度较快（推荐），"High"表示压缩比例高但执行备份速度相当慢。这里选择"Fast"后按 Enter 键确定。

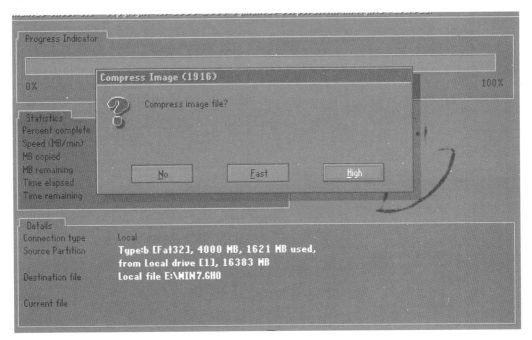

图 11-24　设置镜像文件压缩质量

（5）选择是否继续创建分区镜像文件。如果 E 盘上有镜像文件，Ghost 软件会询问是否继续创建分区镜像文件，单击"Yes"，继续执行。

（6）开始制作镜像备份文件（见图 11-25）。

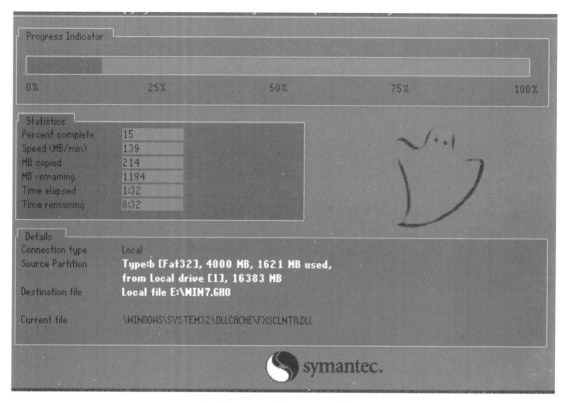

图 11-25　制作镜像备份文件

（7）完成后退出软件。单击"Continue"结束备份操作，退出软件。

3）还原操作

（1）在主菜单选择还原操作。执行"Local"→"Disk"→"Partition"→"From Image"命令（见图 11-26）。按 Enter 键开始镜像还原操作。

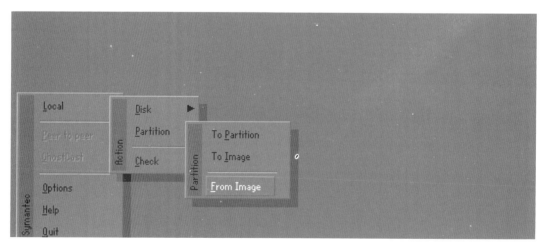

图 11-26　还原操作

（2）选择源镜像文件。在 E 盘中选择主分区镜像文件 *.GHO，单击"Open"按钮（见图 11-27）。

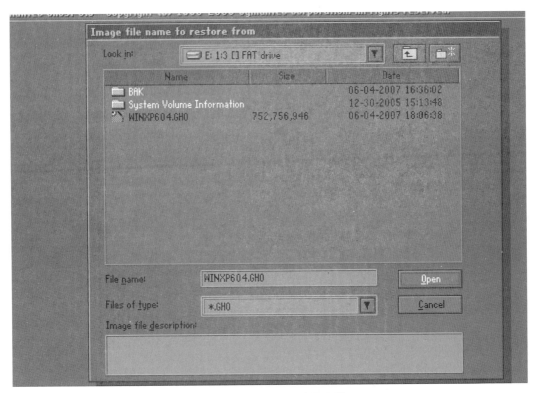

图 11-27　选择源镜像文件

（3）选择源分区（见图 11-28）。

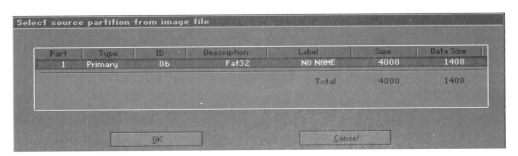

图 11-28　选择源分区

（4）选择要恢复镜像的目标硬盘（见图 11-29）。

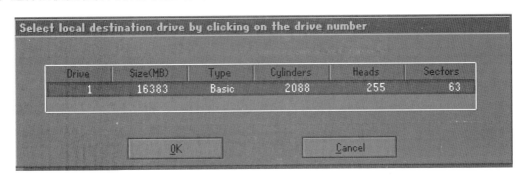

图 11-29　选择目标硬盘

（5）选择要恢复的目标硬盘中的目标分区（见图 11-30），目标分区如果错误，还原操作将会使目标分区全部被系统文件覆盖。

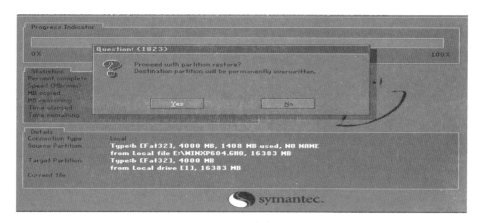

图 11-30　选择目标分区

（6）确认执行恢复操作（见图 11-31）。单击"Yes"后，执行恢复操作。

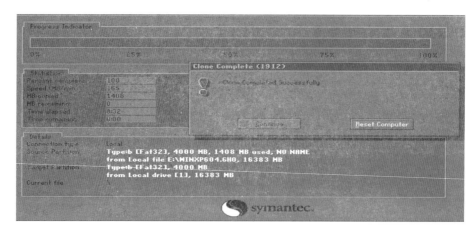

图 11-31　确定还原

（7）恢复完成后，可选择"Continue"退出软件，或选择"Reset Computer"重新启动计算机（见图 11-32）。

图 11-32　完成还原

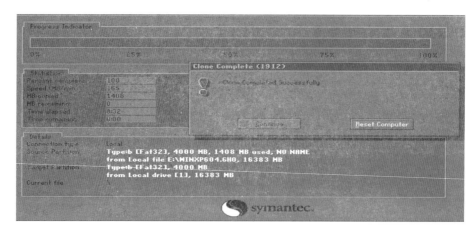

拓展训练

训练要求

自行下载计算机硬件检测软件并进行检测。

训练思路

本实验的操作主要包括下载软件包、安装并使用软件和查看计算机数值三个部分。

训练提示

（1）使用 CPU-Z 检测计算机硬件。

（2）使用鲁大师检测计算机硬件。

（3）使用硬盘检测软件检测计算机硬盘。

项目 12

笔记本计算机的
使用和维护

项目导入 ▶

　　随着经济的发展，笔记本计算机使用得越来越广泛，成为现在日常工作生活中必不可少的工具。笔记本计算机和普通的台式计算机很相似，但也有很大的不同。本项目将对笔记本计算机进行介绍，方便大家在以后的工作和学习中能更好地使用和维护笔记本计算机，使其发挥出更大的功效。

学习目标 ▶

知识目标

（1）了解笔记本计算机的品牌。

（2）了解笔记本计算机的性能参数。

能力目标

（1）能够掌握笔记本计算机的选购技巧。

（2）能够掌握笔记本计算机的日常维护。

素养目标

（1）不断提升计算机组装与维护的技能，追求卓越。

（2）将理论知识与实际操作相结合，做到知行合一。

（3）志存高远，树立远大目标，不断追求在计算机领域内有进一步发展与突破。

任务 12-1　了解笔记本计算机

笔记本计算机，又称便携式计算机、手提式计算机或膝上计算机，特点是机身小巧，比台式机携带方便，是一种小型、便于携带的个人计算机。其发展趋势是体积越来越小，重量越来越轻，功能越来越强。

1. 笔记本计算机简介

笔记本一般可以分为主流型、轻薄型、便携型、迷你型计算机和平板计算机（tablet PC）。

笔记本的尺寸主要有 15 英寸及以上（性能高，视觉效果好，便携性不佳）、14 英寸（目前主流的尺寸，机型选择多）、13 英寸（性能与便携性完美平衡的尺寸）、12 英寸以下（便携性突出，机型选择较少）。为了缩小体积，笔记本计算机常采用液晶显示器。除键盘外，还装有触摸板（touch pad）或触控点（pointing stick）作为点击设备（pointing device）。

笔记本计算机根据用途分为几种不同的类型：上网本用于日常办公；商务本具有稳定低功耗的特点，并有更长久的续航时间；家用本拥有不错的性能和很高的性价比；游戏本则是专门为了迎合少数人群外出游戏使用的；"发烧"级配置笔记本，娱乐体验效果好，价格较为昂贵，电池续航时间也不错。

2. 笔记本计算机的组成

笔记本计算机发展到现在，主要由外壳、显示屏、锂电池、CPU、内存、硬盘、声卡、显卡等配件组成。

1）外壳

现在较为流行的外壳材料有工程塑料、镁铝合金、碳纤维复合材料（碳纤维复合塑料）和钛合金。一般硬件供应商所标示的外壳材料是指笔记本计算机的上表面材料，托手部分及底部一般使用工程塑料。

（1）工程塑料。工程塑料又称塑料合金，其优点是外观靓丽、性价比突出，缺点是重量大、导热性能欠佳。因为该材料成本低，所以它被大多数笔记本计算机厂商采用。使用工程塑料做外壳的笔记本如图 12-1 所示。

图 12-1　工程塑料外壳笔记本

（2）镁铝合金。银白色的镁铝合金外壳可使产品外观更豪华、美观，而且易于上色，可以通过表面处理工艺使其变成个性化的蓝色和粉红色。该材料还具有散热性较好、抗压性较强的优点，缺点是不坚固耐磨，成本较高。

（3）碳纤维复合材料。碳纤维复合材料的强韧性是铝镁合金的两倍，而且散热效果很好。碳纤维复合材料的缺点是成本较高，成型没有工程塑料外壳容易，因此碳纤维复合材料外壳的形状一般都比较简单，缺乏变化，着色也比较难，如 ThinkPad 笔记本。

图 12-2　ThinkPad 笔记本

（4）钛合金。这种材料集所有优势于一身，唯一的缺点就是成本太高。

2）显示屏

显示屏主要分为 LCD 和 LED。LCD 和 LED 是两种不同的显示技术，LCD 是由液态晶体组成的显示屏，而 LED 则是由发光二极管组成的显示屏。LED 在亮度、功耗、可视角度和刷新速率等方面更具优势。

3）锂电池

锂电池作为笔记本计算机的标准电池（见图 12-3），具有重量轻、寿命长的特点，能随时充电，即使在过度充电的情况下也不会过热。锂电池的充电次数一般在 950~1200 次之间。锂电池的电池芯数主要分为 3 芯、4 芯、6 芯、8 芯、9 芯、12 芯等。芯数越大，续航时间越长，价格也就越高。一般 4 芯电池可以续航 2 小时，6 芯则为 3 小时。

图 12-3　锂电池

4）点击设备

笔记本计算机一般会在机身上搭载一套点击设备，相当于台式计算机的鼠标，也有搭载两套点击设备的笔记本。

5）CPU、内存、硬盘

笔记本的 CPU、内存、硬盘和台式机的功能基本相似，只是笔记本的相应配件需要单独定制，无法和台式机通用。

3. 笔记本计算机的品牌

（1）联想：一家国产计算机品牌，是国内非常有影响力的品牌之一，广受好评。联想旗下有多个子品牌，其中轻薄本品牌包括小新（Air、Pro）、YOGA 和 ThinkBook，这些轻薄本的外观设计得非常漂亮。

扫一扫

笔记本列举样品

（2）惠普：其笔记本在国内市场占有率较高，无论是商务办公、打游戏、做设计、剪辑，都可以选择惠普的笔记本。惠普旗下有多个子品牌，包括轻薄本品牌惠普星系列 Q（星 15、星 14）和惠普战系列（战 66、战 X），这些笔记本外观时尚、轻薄便携，适合商务办公人员和学生使用。另外，惠普还有光影精灵和暗影精灵等游戏本系列，适合游戏玩家使用，具有强大的性能和出色的游戏体验。

（3）华硕：其笔记本的特点是产品更新速度快、品牌类目多、外观个性化。华硕热门的天选系列主打二次元风格，具有独特的外观设计。华硕的轻薄本和游戏本也比其他品牌更薄、更小巧，外观更出众。因此，注重外观设计的用户可以选择华硕。华硕旗下的子品牌包括轻薄本的 VivoBook、灵耀、顽石、灵珑和游戏本的飞行堡垒、天选和 ROG 等

（4）华为：一家在手机市场中表现优秀的品牌，尽管做笔记本的时间不长，但华为已经成为优秀的国产轻薄笔记本品牌，并在同等价位下可以与戴尔、惠普等国际品牌抗衡。华为笔记本的整体表现不错，既适合学习和工作，又可以玩 FPS 游戏。

其他品牌包括宏碁、神州、小米、雷神、机械革命、机械师等，这些品牌的知名度不及上述品牌，但它们致力于提升品牌知名度和产品人气，以高性价比著称。虽然它们的售后服务不如上述品牌那么完善，但它们基本上都提供全国联保，承担三包服务，追求性价比的用户选这些品牌也是可以的。

4. 笔记本计算机的性能指标

1）屏幕尺寸

屏幕尺寸是指屏幕对角线的尺寸。由于笔记本计算机采用的液晶屏的大小和分辨率是根据它的市场定位决定的，因此为了适应不同人群的消费能力和使用习惯，笔记本计算机的液晶显示器的尺寸和分辨率种类要远远比台式机的液晶显示器多。

市面上的笔记本计算机的屏幕尺寸从 11 英寸到 18 英寸不等。其中，11 英寸和 12 英寸的笔记本计算机通常被称为超便携本，而 13 英寸、14 英寸和 15 英寸的笔记本计算机是普通便携本，16 英寸、17 英寸和 18 英寸的笔记本计算机则被归为性能本或游戏本。

13 英寸以下的笔记本性能不会太强，主要用于查字典、简单搜资料，还可以内置些学习软件进行学习。

13 英寸、14 英寸笔记本是大众首选。实际上 14 英寸的笔记本用户占有量要比 13 英寸高出不少，

因为屏幕更大一些，视野更广，办公、学习、娱乐等观感更好，所以市场占有量很高。

15 英寸、16 英寸较大屏幕的笔记本，主要针对一些玩游戏、表格办公或做一些图形编辑工作的人，屏幕视野更开阔，便携性稍差一些，比较适合不经常外出办公及一些办公地点较为固定的人使用。这种较大屏幕的笔记本，一般会配置较强的独立显卡，很受游戏爱好者喜欢。但并不是所有较大屏幕笔记本的显卡性能都强，还有一些商务本，更注重电池续航能力与屏幕的显示范围。

17 英寸、18 英寸的笔记本比较适合游戏"发烧友"使用。这种笔记本体积比较大，有些甚至配置了桌面级的 CPU，游戏性能很强劲。

2）显卡类型

笔记本计算机的显卡类型主要有以下 3 种。

（1）集成显卡。集成显卡又称内置显卡，它是将显卡整合到主板中的一种显卡类型。这种显卡不需要单独的显存，而是与 CPU 共享内存。集成显卡由于占用的空间小，功耗低，成本也比较低，因此它在许多中低端笔记本计算机中被广泛采用。

（2）独立显卡。独立显卡又称离散显卡，是一种独立的显卡设备，和主板完全分开。这种显卡可以利用独立的显存，大大提高了图形处理的速度和效率。

（3）混合显卡。混合显卡一般指同时存在独立显卡和集成显卡，这种显卡具有在运行过程中自动切换的功能，可达到节能、保持性能平衡的效果。笔记本计算机中常见的混合显卡技术主要有两种：一种是 NVIDIA 的 Optimus 技术，另一种是 AMD 的 Enduro 技术。

3）屏幕比例

屏幕比例又称纵横比，指屏幕横向和纵向的比例。当下笔记本计算机的屏幕比例主要有 16：9、16：10 和 3：2。其中，16：9 是主流的黄金比例，兼顾常见视频、游戏的显示比例，并且与人眼的视野范围比较接近。相比之下，16：10 与 3：2 则增加了屏幕的纵向视野，能多显示一些内容。例如，16：10 的比例下，Excel 表格可以多显示几行，视频创作可以显示更多的时间线与轨道。但在播放 16：9 比例的视频或游戏内容时，屏幕上下方黑边问题会严重一些。

4）分辨率

市面上的笔记本计算机屏幕分辨率主要有 1080P、2K、4K 等。在屏幕尺寸相同的情况下，笔记本屏幕的分辨率更高，画面也会更清晰、更精细，但电量消耗也会更快。

另外，屏幕分辨率每升一档，笔记本计算机的价格也会有所上涨。所以，对于对续航有较高要求及预算有限的学生或商务用户来说，无论是学习工作还是影音娱乐，1080P 分辨率的笔记本计算机完全足够。

5）刷新率

刷新率指屏幕每秒刷新的画面数，单位是 Hz。市面上所售的笔记本计算机屏幕刷新率主要有 60 Hz、90 Hz、120 Hz、144 Hz、240 Hz 及 300 Hz 等。

其中，60 Hz 是刷新率的最低标准，若低于 60 Hz，画面会变得卡顿不流畅。120 Hz 及以上的屏幕对"发烧"级游戏玩家来说很有吸引力，毕竟更高的刷新率意味着更加流畅的画面及操作体验。

任务 12-2　选购笔记本计算机

笔记本的选购需要参考的因素比较多，除了品牌以外，还需对各项性能进行详细了解。

1. 对比笔记本计算机性能指标

在笔记本计算机中，性能指标可以从价格、操作系统、处理器、存储设备和显示系统等方面来了解。

首先从笔记本计算机的价格进行对比，图 12-4 为不同笔记本计算机价格的对比。

图 12-5 为基本参数对比，主要进行产品型号、类型及所携带操作系统的对比，确认类型为商用还是游戏用途。

图 12-6 为处理器对比，主要对 CPU 各方面的性能进行对比。

图 12-7 为存储设备对比，主要对内存、机械硬盘和固态硬盘的性能进行对比。

图 12-8 为显示屏对比，主要对显示屏的分辨率和类型进行对比。

图 12-9 为显卡对比，主要用来确定显卡是独立显卡还是集成显卡。

惠普星14 Pro(i5 12500H/16GB/51...　参考价：￥4999
联想YOGA Pro 14s 2022 酷睿版(i9...　参考价：￥8999
戴尔灵越 14 Plus(Ins 14-7420-R2...　参考价：￥12999

图 12-4　笔记本计算机价格对比

基本参数			
产品型号		YOGA Pro 14s 2022	Ins 14-7420-R2845S
上市时间	2022年05月	2022年10月	
产品类型	商用	商用	商用
产品定位	-	-	-
操作系统	预装Windows 11 Home Basic 64bit（64位家庭普通版）	预装Windows 11 Home Basic 64bit（64位家庭普通版）	预装Windows 11 Home Basic 64bit（64位家庭普通版）

图 12-5　笔记本基本参数对比

处理器			
CPU系列	英特尔 酷睿i5 12代系列	英特尔 酷睿i9 12代系列	英特尔 酷睿i7 12代系列
CPU型号	Intel 酷睿i5 12500H ⓑ 中端主流	Intel 酷睿i9 12900H ⓢ 旗舰	Intel 酷睿i7 12700H ⓐ 高端
CPU主频	2.5GHz	2.5GHz	2.7GHz
最高睿频	4.5GHz	5GHz	4.7GHz
核心/线程数	12核心/16线程 多任务运行强	14核心/20线程 多任务运行强	14核心/20线程 多任务运行强
三级缓存	18MB	24MB	24MB
核心代号	Alder Lake	Alder Lake	Alder Lake
制程工艺	Intel 7 (10nm)	Intel 7 (10纳米)	10nm

图 12-6　笔记本处理器对比

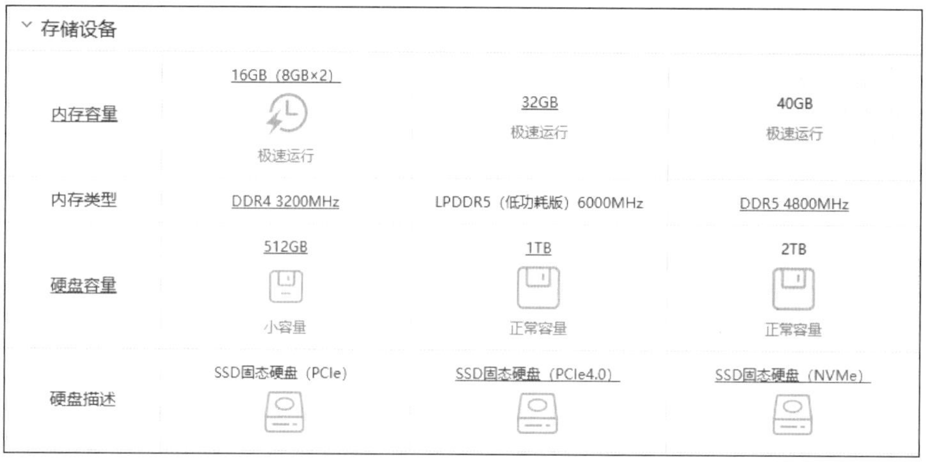

存储设备			
内存容量	16GB (8GB×2) 极速运行	32GB 极速运行	40GB 极速运行
内存类型	DDR4 3200MHz	LPDDR5 (低功耗版) 6000MHz	DDR5 4800MHz
硬盘容量	512GB 小容量	1TB 正常容量	2TB 正常容量
硬盘描述	SSD固态硬盘 (PCIe)	SSD固态硬盘 (PCIe4.0)	SSD固态硬盘 (NVMe)

图 12-7　笔记本存储设备对比

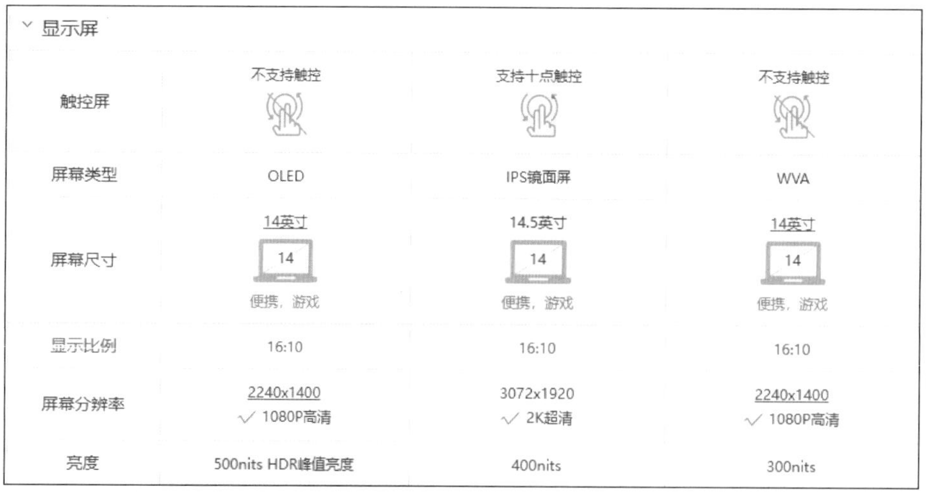

显示屏			
触控屏	不支持触控	支持十点触控	不支持触控
屏幕类型	OLED	IPS镜面屏	WVA
屏幕尺寸	14英寸 便携, 游戏	14.5英寸 便携, 游戏	14英寸 便携, 游戏
显示比例	16:10	16:10	16:10
屏幕分辨率	2240x1400 ✓ 1080P高清	3072x1920 ✓ 2K超清	2240x1400 ✓ 1080P高清
亮度	500nits HDR峰值亮度	400nits	300nits

图 12-8　笔记本显示屏对比

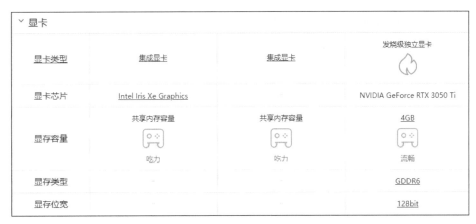

图 12-9　笔记本显卡对比

2.笔记本计算机选购技巧

1）明确需求

首先根据自己的预算，选择合适的品牌。其次要摸清这款笔记本的配置情况，以及预装系统和基本售后服务信息。最后还要知道所看好机型近期的市场行情、价格走势，甚至是促销活动，这些信息都可以通过专业的网站和平面媒体查到。

2）选好屏幕

在选购笔记本计算机时，通常会过于关注 CPU、硬盘、内存的规格，而忽略了面板的品质。即使在选购笔记本时注意到了笔记本的屏幕，但是一般看的也是显示屏尺寸大小，有无暗点，而忽略了面板的其他规格，如面板种类、真实分辨率、反应时间、可视角度等。

3）选好内存

内存要提前规划好，避免等到笔记本计算机速度慢了、资源不够用的时候，才想到最初自己的笔记本计算机只配了 4 GB 或更小容量的内存，这显然无法满足用户长久的使用需求。

4）配好笔记本计算机包

对于如今高效率的社会，在机场、车辆等移动环境中处理各种工作俨然成为一种生活方式，而笔记本计算机在这种生活方式中扮演着重要的角色。因此对笔记本的"呵护"尤为重要，配置一个笔记本计算机包可有效避免外出工作时因磕碰或摔击造成的划痕等。

5）及时开箱检查与开机检测

在刚购回笔记本时，应及时开箱对照所附清单清点箱内物品，仔细检查笔记本外观，并及时开机检测 CPU、硬盘、内存的规格型号是否与产品说明相符。

3.笔记本计算机选购实战

笔记本计算机的选购要求如表 12-1 所示。

表 12-1　笔记本计算机选购要求

参数类型	参数要求
品牌	联想
价格范围	6000~8000 元

续表

参数类型	参数要求
CPU 系列	酷睿 i7
屏幕大小	15.6 英寸，1920 × 1080 像素

在中关村在线平台选择笔记本计算机的搜索条件，如图 12-10 所示。

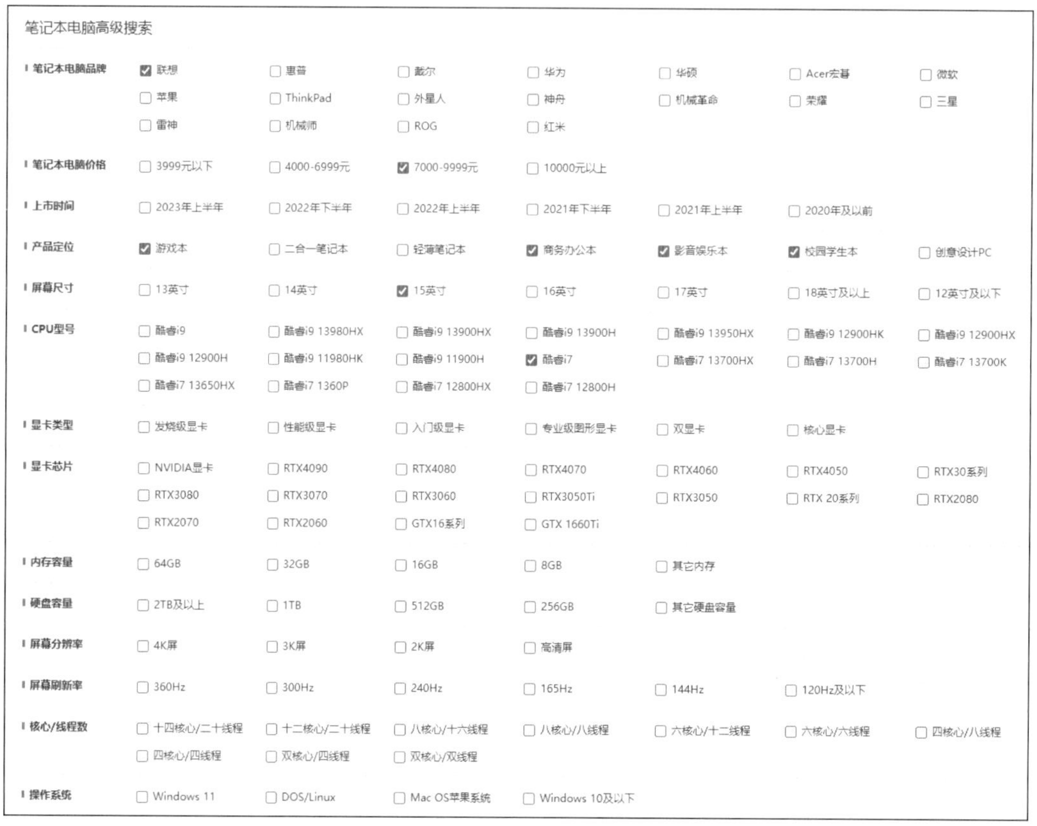

图 12-10　笔记本计算机搜索条件

筛选后获得联想品牌的 3 款产品，如图 12-11 所示。

图 12-11　笔记本计算机搜索结果

请发表自己的看法，谈谈哪款笔记本计算机值得购买，为什么？

任务 12-3　笔记本计算机的验机与保养

1. 笔记本计算机的验机

验机步骤如下。

（1）打开包装箱，找出保修卡，核对一下系列号，机器底部铭牌的系列号、外包装箱序列号以及 BIOS 中的系列号必须一致，否则很可能被动过手脚或者是拼装货。

（2）找出说明书，查看随机产品清单，按清单所列的条目清点随机配件。

（3）取出主机，仔细察看外壳是否有划痕、擦伤、裂缝，因为主机很可能在运输过程中受到损伤。

（4）仔细查看螺丝是否有拧花的痕迹，判断该笔记本计算机是否被拆开换过零件。

（5）轻轻摇晃笔记本计算机，仔细听是否有异物的响声。作为精密仪器的笔记本计算机，出厂前经过严格的检验，出现异物响声情况的概率近乎为零。

（6）检查各个容易留下使用痕迹的地方，以判断笔记本计算机是否被使用过。

①键盘的键帽是否有油亮的现象。

②USB 插口是否有多次插拔的痕迹。

③机器的接缝是否有打开的痕迹。

④CPU 散热口是否有灰尘。

⑤电池与机器插槽的接触部分以及电池的表面是否有插痕。

⑥底部橡胶脚垫是否有污损，不干胶商标是否有卷角或者撕开重贴的现象。

（7）开机后按平时的使用习惯输入文字，看看是否存在个别按键不灵敏或者卡壳现象，检查键盘按键是否有接触不良或者失灵的情况。

（8）打开光驱，检查光驱托盘以及光头上是否一尘不染，最好找一些光盘试用一下，检测其读盘性能，看看光盘读取是否正常，有无挑盘现象。

（9）播放操作系统自带的声音文件，仔细听是否有杂音、破音、异响，检测喇叭是否正常工作。

2. 笔记本计算机的保养

1）液晶显示屏

（1）长时间不使用笔记本计算机时，可通过键盘上的功能键暂时将液晶显示屏的电源关闭，延长屏幕使用寿命。

（2）请勿用力盖上液晶显示屏或是放置任何异物在键盘及显示屏之间，避免重压而导致组件损坏。

（3）请勿用尖锐的物品触碰屏幕表面，以免刮伤屏幕。

（4）液晶显示屏表面会因静电而吸附灰尘，建议购买液晶显示屏专用擦拭布来清洁屏幕。请勿使用化学清洁剂擦拭屏幕。

（5）请勿用手指触摸屏幕，以免留下指纹。

2）电池

（1）室温 20~30℃为电池最适宜的工作温度，温度过高或过低的环境将会减少电池的使用寿命。

（2）建议平均三个月进行一次电池电力校正。

（3）使用电源适配器时应参考国际电压说明。

3）键盘

（1）键盘积累灰尘时，可用小毛刷来清洁缝隙，或者使用掌上型吸尘器来清除键盘上的灰尘和碎屑。

（2）清洁表面，可在软布上沾上少许清洁剂，在关机的情况下轻轻擦拭键盘表面。

4）硬盘

（1）尽量在平稳的状况下使用，避免在容易晃动的地点使用笔记本计算机。

（2）开关机过程是硬盘最脆弱的时候，此时硬盘轴承转速尚未稳定，若产生震动，则容易造成坏道，故建议关机后等待约十秒钟后再移动笔记本计算机。

（3）每月执行一次磁盘重组及扫描，以增进磁盘存取效率。

5）触控板

（1）使用触控板时请务必保持双手清洁，以免发生光标乱跑的现象。

（2）不小心弄脏表面时，可将干布沾湿一角轻轻擦拭触控板表面，请勿使用粗糙布料等物品擦拭表面。

（3）触控板是感应式精密电子组件，请勿使用尖锐物品在触控板上书写，以免造成损坏。

6）散热器

（1）为避免噪声，笔记本计算机的风扇并非一直运转，在 CPU 到达一定温度时，风扇才会启动。

（2）将笔记本计算机放置在柔软的物品上，如床上、沙发上，有可能会堵住散热孔影响散热效果，进而降低计算机运作效能，甚至死机。

 拓展训练

训练要求

利用现有知识，从大一新生的角度出发，制订一款价格在 7000 元左右的轻薄笔记本的选购方案。

训练思路

本实训内容主要包括查询配置型号、价格及调查大一新生对笔记本的要求。

训练提示

（1）定位及预算：轻薄本，7000 元。

（2）配置要求如表 12-2 所示。

表 12-2　笔记本计算机选购要求

参数类型	参数要求
CPU 型号	i7 或 R5
显卡	满足制图和视频剪辑的要求
内存	16 GB
硬盘	固态 + 机械
显示屏	有作图要求，选择高色域、高分辨率

按要求选择几款笔记本计算机产品进行性能指标的对比。

项目 13

家庭网络设置

项目导入 ▶

完成了操作系统与各种驱动程序的安装，但用户还是不能尽兴地使用计算机，因为它并未连入网络。现在，网络遍及经济、科技、民众生活等各个领域，计算机只有连入网络才能发挥其最大功能。接下来，本项目针对计算机连接网络的相关知识进行讲解。

学习目标 ▶

知识目标

（1）了解网络的划分。

（2）了解 IP 地址划分。

能力目标

（1）能够掌握家庭网络设置方法。

（2）能够掌握家庭网络设置步骤。

素养目标

（1）具备适应计算机技术和行业发展变化的能力，不断更新知识和技能。

（2）面对挑战和困难时保持坚韧不拔的毅力与决心。

（3）强化安全意识，保护计算机与数据的安全。

任务 13-1　了解网络的划分

计算机网络是指将地理位置不同的具有独立功能的多台计算机及其外部设备，通过通信线路连接起来，在网络操作系统、网络管理软件及网络通信协议的管理和协调下，实现资源共享和信息传递的计算机系统。

按照地理范围划分网络是一种普遍被认可的通用网络划分标准。这种标准可以把各种网络划分为局域网、城域网、广域网和无线网 4 种。

1. 局域网

常见的"LAN"就是指局域网，这是最常见、应用最广的一种网络。局域网随着计算机网络技术的发展和提高得到了充分的应用和普及，几乎每个单位都有自己的局域网，有的家庭甚至都有自己的小型局域网。局域网就是在局部地区范围内的网络，它所覆盖的地区范围较小。局域网在计算机数量的配置上没有太多的限制，可以只有两台，也可以多达几百台。一般来说在企业局域网中，工作站的数量在几十到两百台不等，网络所涉及的地理距离一般为几米至十千米。这种网络的特点是连接范围窄、用户数量少、配置容易、连接速率高。

2. 城域网

城域网（MAN）一般来说是指在一个城市但不在同一地理范围内的计算机互联网络。这种网络的连接距离为 10~100 km，它采用的是 IEEE 802.6 标准。MAN 与 LAN 相比，MAN 扩展的距离更长，连接的计算机数量更多，在地理范围上可以说是 LAN 网络的延伸。在一个大型城市或都市地区，一个 MAN 网络通常连接着多个 LAN 网络，如连接政府机构的 LAN、医院的 LAN、公司企业的 LAN 等。同时光纤连接的引入，使 MAN 中高速的 LAN 互连成为可能。

3. 广域网

广域网（WAN）也称远程网，所覆盖的范围比城域网更广，它一般是与不同城市之间的 LAN 或者 MAN 网络互联，地理范围可从几百千米到几千千米。因为距离较远，信息衰减比较严重，所以这种网络一般要租用专线，通过 IMP（接口信息处理器）协议和线路连接起来，构成网状结构，解决循径问题。广域网因为所连接的用户多，总出口带宽有限，所以用户的终端连接速率一般较低，通常为 9.6 Kbps~45 Mbps。

4. 无线网

随着笔记本计算机和个人数字助理等便携式计算机的发展和日益普及，人们经常要在路途中接听电话、发送传真和电子邮件以及登录远程机器等，然而在汽车或飞机上是不可能通过有线介质与单位的网络相连接的，这时候无线网就发挥了作用。

无线局域网有很多优点，如易于安装和使用。无线局域网也有许多不足之处，如它的数据传输速率一般比较低，远低于有线局域网。另外无线局域网的误码率也比较高，站点之间的相互干扰比较厉害。但无线网的特点是使用户可以在任何时间、任何地点接入计算机网络，这一特性使无线网具有广阔的应用前景。

任务 13-2　了解 IP 协议

IP 协议是为计算机网络相互连接进行通信而设计的协议。在因特网中，它是能使连接到网上的所有计算机网络实现相互通信的一套规则，规定了计算机在因特网上进行通信时应当遵守的规则。任何厂家生产的计算机系统，只要遵守 IP 协议就可以与因特网互联互通。各个厂家生产的网络系统和设备，如以太网、分组交换网等，它们相互之间不能互通，主要原因是它们传送数据的基本单元（技术上称之为"帧"）的格式不同。IP 协议实际上是一套由软件程序组成的协议软件，它把各种不同的帧统一转换成 IP 数据报格式。这种转换是因特网的一个重要的特点，使各种计算机都能在因特网上实现互通，即具有开放性。正是因为有了 IP 协议，因特网才得以迅速发展成为世界上最大的、开放的计算机通信网络。因此，IP 协议也可以称为因特网协议。

1. IP 地址

IP 协议中有一个非常重要的内容，那就是给因特网中的每台计算机和其他设备都规定了一个唯一的地址，叫做 IP 地址。由于有这种唯一的地址，因此保证了用户在联网的计算机上操作时，能够高效且方便地从千千万万台计算机中选出自己所需的对象。

IP 地址就像家庭住址一样，如果要写信给一个人，就要知道他的地址，这样邮递员才能把信送到。IP 地址被用来给 Internet 上的每一个计算机编号。日常的情况是每台联网的 PC 都需要有 IP 地址才能正常通信。

2. IP 地址编址方式

为了便于寻址以及层次化构造网络，每个 IP 地址包括两个标识码（ID），即网络 ID 和主机 ID。同一个物理网络上的所有主机都使用同一个网络 ID，而网络上的主机（包括工作站、服务器等）会有一个主机 ID 与其对应。互联网架构委员会定义了 5 种类型的 IP 地址以适用于不同容量的网络，即 A 类 ~E 类 IP 地址。其中 A、B、C 3 类 IP 地址由国际互联网络信息中心（InterNIC）在全球范围内统一分配，D、E 类 IP 地址为特殊地址。

1）A 类 IP 地址

A 类 IP 地址是指在 IP 地址的四段号码中，第一段号码为网络号码，剩下的三段号码为本地计算机的号码。如果用二进制数表示 IP 地址，那么 A 类 IP 地址由 1 个字节的网络地址和 3 个字节的主机地址组成，网络地址的最高位必须是"0"。A 类 IP 地址中网络标识的长度为 8 位，主机标识的长度为 24 位。A 类 IP 地址数量较少，有 126 个网络，每个网络可以容纳 1600 多万台主机。

A 类 IP 地址范围：1.0.0.1~127.255.255.254。

2）B 类 IP 地址

B 类 IP 地址是指在 IP 地址的四段号码中，前两段号码为网络号码，剩下的两段号码为本地计算机的号码。如果用二进制数表示 IP 地址，那么 B 类 IP 地址由 2 个字节的网络地址和 2 个字节的主机地址组成，网络地址的最高位必须是"10"。B 类 IP 地址中网络标识的长度为 16 位，主机标识的长度为 16 位。B 类 IP 地址适用于中等规模的网络，有 16 384 个网络，每个网络所能容纳的主机数为 $256^2-2=65\ 534$ 台。

B 类 IP 地址范围：128.0.0.1~191.255.255.254。

3）C类IP地址

C类IP地址是指在IP地址的四段号码中，前三段号码为网络号码，剩下的一段号码为本地计算机的号码。如果用二进制数表示IP地址，那么C类IP地址由3个字节的网络地址和1个字节的主机地址组成，网络地址的最高位必须是"110"。C类IP地址中网络标识的长度为24位，主机标识的长度为8位。C类IP地址数量较多，有200多万个网络。适用于小规模的局域网络，每个网络最多只能包含254台计算机。

C类IP地址范围：192.0.0.1~223.255.255.254。

4）D类IP地址

D类IP地址也称多播地址（multicast address），即组播地址。多播地址的最高位必须是"1110"，地址范围从224.0.0.0到239.255.255.255。

5）特殊的网址

每一个字节都为0的地址（0.0.0.0）对应于当前主机，即默认路由器的IP地址。

IP地址中的每一个字节都为1的IP地址（255.255.255.255）是当前子网的广播地址。

IP地址中凡是以"11110"开头的E类IP地址都保留，用于实验和将来的其他用途。

IP地址中不能以十进制数"127"作为开头，该类地址中127.0.0.1到127.255.255.255用于回路测试，如127.0.0.1可以代表本机IP地址，输入"http://127.0.0.1"可以测试本机中配置的Web服务器。

网络ID的第一个6位组不能全置为"0"，全"0"表示本地网络。

6）子网

引入子网掩码（subnet mask）从逻辑上把一个大网络划分成一些小网络。子网掩码由一系列的1和0构成，通过将其同IP地址做"与"运算来指出IP地址的网络号。对传统IP地址分类来说，A类地址的子网掩码是255.0.0.0；B类地址的子网掩码是255.255.0.0；C类地址的子网掩码是255.255.255.0。如果要将一个B类网络166.111.0.0划分为多个C类子网来用，只要将其子网掩码设置为255.255.255.0即可，这样166.111.1.1和166.111.2.1就分属于不同的网络了。

任务 13-3　了解局域网的组成

局域网可以实现文件管理、应用软件共享、打印机共享等功能，在使用过程中，通过维护局域网网络安全，能够有效地保护资料安全，保证局域网正常稳定地运行。

典型的局域网通常由5个部分组成：网络中心设备、服务器、工作站、网卡和传输介质。常见的局域网结构如图13-1所示。

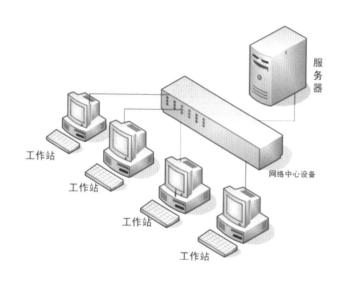

图 13-1　局域网结构

1. 网络中心设备

对于一个由双绞线作为传输介质的 802.3 以太网，其网络的网络中心设备可由有线路由器（见图 13-2）、无线路由器（见图 13-3）、交换机、网桥、集线器等组成。网络中心设备具有多个 RJ-45 接口，能支持多个工作站和服务器等网络结点的连接，还拥有级联端口，用于扩展组建更大规模的局域网。

图 13-2　有线路由器

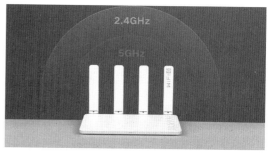

图 13-3　无线路由器

2. 服务器

服务器上运行的是网络操作系统。服务器为用户提供硬盘、数据、软件及其他硬件的共享服务功能，它是网络控制的核心。

3. 工作站

工作站可以有自己的操作系统，独立工作，通过运行工作站的网络软件可以访问服务器的共享资源。工作站和服务器之间的连接通过传输介质和网络连接部件来实现，网络连接部件主要包括网卡、中继器、集线器和交换机等。

4. 网卡

网卡是工作站与网络的接口部件，它除了作为工作站连接入网的物理接口外，还控制数据帧的发送和接收。网卡工作在 OSI 参考模型的物理层和数据链路层。

网卡按传输方式可以分为有线网卡和无线网卡两种类型，按接口可以分为集成在主板上的集成网卡、PCI-e 接口网卡和 USB 接口网卡三种。图 13-4 为 PCI-e 接口有线网卡；图 13-5 为 PCI-e 接口无线网卡；图 13-6 为 USB 接口有线网卡；图 13-7 为 U 盘式无线网卡；图 13-8 为无线接收器式无线网卡。按传输速度可以分为 10 Mbps、100 Mbps、1000 Mbps 等不同速率的网卡。

图 13-4　PCI-e 接口有线网卡　　图 13-5　PCI-e 接口无线网卡　　图 13-6　USB 接口有线网卡

图 13-7　U 盘式无线网卡　　　　　图 13-8　无线接收器式无线网卡

5. 传输介质

传输介质分为有线和无线两类。局域网上常用的有线传输介质有同轴电缆、双绞线、光缆等，可以将局域网分为同轴电缆局域网、双绞线局域网和光缆局域网。无线传输介质采用的是无线电波、微波等。

任务 13-4　配置家庭网络设备

随着社会的发展和生活的便利化，家庭网络已经成为人们生活中必不可少的一部分。合理配置家庭网络设备，可以使家庭网络更加稳定、快速，满足家庭成员的日常需求。常见的家庭网络设备主要包括路由器、交换机、网络存储设备、扩展器等。

1. 路由器设置

路由器设置的步骤如下。

（1）将无线路由器的电源接通，然后插上网线，将线插在 WAN 口（一般是蓝色口），和计算机连接的网线插在 LAN 口。无线路由器结构如图 13-9 所示。

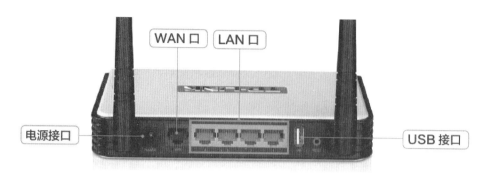

图 13-9　无线路由器结构

（2）连接好无线路由器后，在浏览器网址栏中输入在路由器上看到的地址。进入后，需要输入相应的账号与密码，一般都是 admin。华为路由器配置登录页面如图 13-10 所示。

图 13-10　华为路由器配置登录页面

（3）登录后进入操作界面，在左边会看到一个设置向导，单击进入。

（4）选择"我要上网"设置上网方式，有三种上网方式：PPPoE、静态 IP、动态 IP。

①PPPoE 拨号宽带接入是广泛使用的宽带接入方式，运营商分配宽带用户名和密码，用户通过用户名和密码进行身份认证。

②静态 IP 是指用户利用运营商提供的固定的 IP 地址、网关和 DNS 地址接入网络。如果宽带与计算机直接连接，需要将指定的 IP 地址手动填写在计算机上才可以正常上网。

③动态 IP 是指计算机通过宽带自动获取 IP 地址、子网掩码、网关以及 DNS 地址从而接入网络。如果宽带与计算机直接连接，需要将计算机设置为自动获取 IP（DHCP）。

动态 IP 一般计算机直接插上网线就可以使用，上层有 DHCP 服务器。静态 IP 一般是专线之类的，也可能是小区宽带等。这里选择 PPPoE 上网方式，如图 13-11 所示。

图 13-11　PPPoE 上网方式

（5）选择 PPPoE 拨号上网方式后，可以设置宽带的账号和密码，如图 13-12 所示。

图 13-12　设置宽带账号及密码

（6）然后进行无线设置，可以看到 Wi-Fi 功率模式、安全等设置选项，这里的安全选项选择 WPA2 PSK 加密方式（见图 13-13），避免有人蹭网。

图 13-13　设置加密方式

（7）设置完成后，路由器会自动重启。

注意： 本书以华为路由器设置为例进行讲解，市面上路由器品牌众多，但其设置大同小异，根本的过程没有太大变化，其他品牌路由器的设置可自行练习。

2.客户端设置

（1）打开计算机"开始"菜单，找到并单击"设置"。

（2）单击"网络和 Internet"（见图 13-14）。

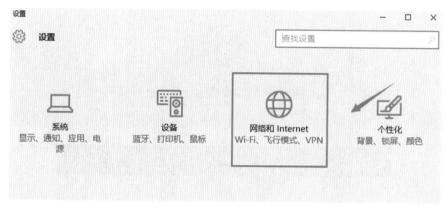

图 13-14　网络和 Internet

（3）单击"以太网"，选择"更改适配器选项"，双击页面出现的"以太网"，然后单击"属性"，弹出图 13-15 所示的对话框。

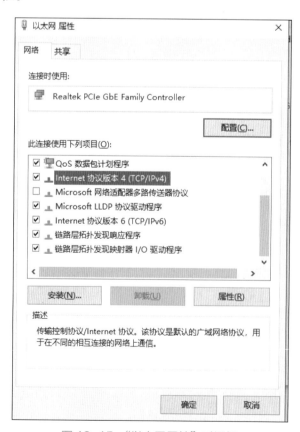

图 13-15　"以太网属性"对话框

（4）在弹出的对话框内找到"Internet 协议版本 4（TCP/IPv4）"并双击，出现图 13–16 所示的对话框，将"自动获得 IP 地址"改为"使用下面的 IP 地址"。输入真实的 IP 地址，系统出现子网掩码，最后单击"确定"即可完成客户端的设置。

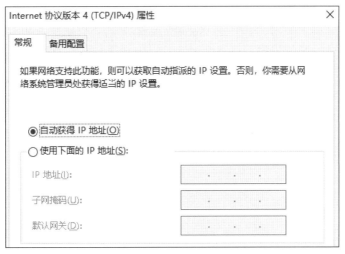

图 13–16　"Internet 协议版本 4（TCP/IPv4）属性"对话框

训练要求

以个人家庭实际环境为依据，进行个人家庭局域网组建规划，制作 PPT 并分组进行汇报。

训练思路

本实训内容主要包括组建家庭局域网及网络设置。

训练提示

（1）规划局域网组建所需设备及材料。
（2）使用路由器完成共享上网。

参 考 文 献

[1] 王鸿彬，张舜，谢琬 . 计算机组装与维护 [M]. 长沙：湖南大学出版社，2022.

[2] 王小磊 . 计算机组装、维护与维修 [M].4 版 . 北京：电子工业出版社，2022.

[3] 段欣，谢夫娜 . 计算机组装与维护 [M].5 版 . 北京：电子工业出版社，2021.

[4] 刘瑞新 . 计算机组装与维护教程 [M].8 版 . 北京：机械工业出版社，2021.

[5] 互联网＋计算机教育研究院 . 电脑组装、维护、维修全能一本通 [M]. 北京：人民邮电出版社，2018.

[6] 陈承欢，赵志茹，肖素华 . 计算机组装与维护 [M].2 版 . 北京：高等教育出版社，2017.